#홈스쿨링
#혼자공부하기

우등생
과학

Chunjae
Makes
Chunjae

▼

우등생 과학 6-2

기획총괄	박상남
편집개발	김성원, 박나현, 박주영
디자인총괄	김희정
표지디자인	윤순미, 여화경
내지디자인	박희춘
본문 사진 제공	셔터스톡, 게티이미지코리아
제작	황성진, 조규영

발행일	2024년 6월 1일 2판 2024년 6월 1일 1쇄
발행인	(주)천재교육
주소	서울시 금천구 가산로9길 54
신고번호	제2001-000018호
고객센터	1577-0902

스마트폰으로 QR코드를 스캔해 주세요

우등생 온라인 학습 활용법

01 학년, 학기 선택

2 과목 선택

마이페이지

과학

스케줄표

온라인 학습북
개념 강의
서술형 논술형 강의
단원평가

학습 자료실
정답
개념 용어 사전
실험 동영상
개념 웹툰

검정 교과서 자료

· 학년별, 과목별로 제공되는 서비스 내용에는 차이가 있습니다.

스케줄표

꼼꼼

꼼꼼
우등생 과학을 한 학기 동안 차근차근 공부하기 위한 스케줄표

1회~10회

1회
과학
1. 과학탐구
교과서진도북 6~9쪽

2회
과학
1. 과학탐구
온라인학습북 4~7쪽
단원평가

마이페이지에서 첫 화면에 보일
스케줄표의 종류를 선택할 수 있어요.

통합 스케줄표
우등생 국어, 수학, 사회, 과학 과목이 함께 있는 12주 스케줄표

꼼꼼 스케줄표
과목별 진도를 회차에 따라 나눈 스케줄표

스피드 스케줄표
온라인 학습북 전용 스케줄표

과목 클릭

온라인 학습북 클릭

개념강의 / 서술형 논술형 강의 / 단원평가

❶ 개념 강의

*온라인 학습북 단원별 주요 개념 강의

❷ 서술형 논술형 강의

*온라인 학습북 서술형 논술형 강의

❸ 단원평가

① 내가 푼 답안을 입력하면

② 채점과 분석이 한번에

③ 틀린 문제는 동영상으로 꼼꼼히 확인하기!

· 스마트폰의 동영상 구동이 느릴 경우, 기본으로 설정된 비디오 재생 프로그램을 다른 앱으로 교체해 보세요.

· 사용자 사용 환경에 따라 서비스가 원활하지 않을 시에는 컴퓨터를 통한 접속을 권장합니다. 우등생 홈스쿨링 홈페이지(https://home.chunjae.co.kr)로 접속하거나 검색 엔진에서 우등생 홈스쿨링을 입력하여 접속해

홈스쿨링 꼼꼼 스케줄표 [24회]

우등생 과학 6·2

꼼꼼 스케줄표는 교과서 진도북과 온라인 학습북을
24회로 나누어 꼼꼼하게 공부하는 학습 진도표입니다.

● 교과서 진도북   ● 온라인 학습북

1. 전기의 이용

1회 교과서 진도북 8~15쪽	**2**회 교과서 진도북 16~23쪽	**3**회 온라인 학습북 4~11쪽
월 일	월 일	월 일

1. 전기의 이용 / 2. 계절의 변화

4회 교과서 진도북 24~27쪽	**5**회 온라인 학습북 12~15쪽	**6**회 교과서 진도북 30~37쪽
월 일	월 일	월 일

2. 계절의 변화

7회 교과서 진도북 38~45쪽	**8**회 온라인 학습북 16~23쪽	**9**회 교과서 진도북 46~49쪽
월 일	월 일	월 일

2. 계절의 변화 / 3. 연소와 소화

10회 온라인 학습북 24~27쪽	**11**회 교과서 진도북 52~59쪽	**12**회 교과서 진도북 60~67쪽
월 일	월 일	월 일

어떤 교과서를
쓰더라도 ALWAYS **우등생**

꼼꼼하게 공부하는 24회 **꼼꼼 스케줄표**   # 전과목 시간표인 **통합 스케줄표**
빠르게 공부하는 10회 **스피드 스케줄표**   # 자유롭게 **내가 만드는 스케줄표**

홈스쿨링 24회
꼼꼼 스케줄표

● 교과서 진도북   ● 온라인 학습북

3. 연소와 소화		
13회 온라인 학습북 28~35쪽	**14**회 교과서 진도북 68~71쪽	**15**회 온라인 학습북 36~39쪽
월 일	월 일	월 일

4. 우리 몸의 구조와 기능		
16회 교과서 진도북 74~83쪽	**17**회 교과서 진도북 84~89쪽	**18**회 온라인 학습북 40~47쪽
월 일	월 일	월 일

4. 우리 몸의 구조와 기능		5. 에너지와 생활
19회 교과서 진도북 90~93쪽	**20**회 온라인 학습북 48~51쪽	**21**회 교과서 진도북 96~105쪽
월 일	월 일	월 일

5. 에너지와 생활		전체 범위
22회 교과서 진도북 106~108쪽	**23**회 온라인 학습북 52~59쪽	**24**회 온라인 학습북 60~63쪽
월 일	월 일	월 일

우등생 과학 사용법

진도 완료 체크

QR로 학습 스케줄을 편하게 관리!

공부하고 나서 날개에 있는 QR 코드를 스캔하면
온라인 스케줄표에 학습 완료 자동 체크!

학습 완료!

6회

과학
2. 물질의 성질

7회

과학
2. 물질의 성질

온라인 학습북 16~19쪽

서술형 평가 강의   ⊘
단원평가   ⊘

※ 스케줄표에 따라 해당 페이지 날개에
[진도 완료 체크] QR 코드가 있어요!

동영상 강의
개념 / 서술형 · 논술형 평가 / 단원평가

온라인 채점과 성적 피드백
정답을 입력하면 채점과 성적 분석이 자동으로

온라인 학습 스케줄 관리
나에게 맞는 내 스케줄표로 꼼꼼히 체크하기

우등생 온라인 학습

구성과 특징

교과서
진도북

1 쉽고 재미있게 개념을 익히고 다지기

검정 교과서 완벽 반영

2 Step ❶, ❷, ❸ 단계로 단원 실력 쌓기

단원평가

서술형/수행평가

3 대단원 평가로 단원 마무리하기

1 온라인 개념 강의

2 실력 평가

3 온라인 서술형·논술형 강의

4 단원평가 온라인 피드백

✅ 채점과 성적 분석이 한번에!

85점
100점

틀린 문제

① 문제 풀고 QR 코드 스캔

② 온라인으로 정답 입력

③ 제출하기 클릭

차례

등장인물 소개

소년 탐정 코비

13세 소년
명석한 두뇌로 수많은 사건을
해결하는 탐정이지만, 덜렁대고
성급해 위기를 자초하기도 한다.

써니

13세 소녀
차분한 성격이지만,
탐정 코비가 사고를 칠 때마다
불같이 화를 내는 두 얼굴을 가졌다.

괴도 팡팡

20세 청년
베일에 가려진 도둑으로,
번번이 탐정 코비와 써니의
활약에 실패한다.

페로

괴도 팡팡을 도와 보물을
훔치는 도우미 새

연관 학습 안내

초등 3학년	이 단원의 학습	중학교

자석의 이용
자석에 붙는 물체는 철로 만들어져 있다는 것을 배웠어요.

전기의 이용
전기 회로, 전지와 전구의 연결 방법, 전자석 등에 대해 배워요.

전기와 자기
마찰 전기와 자기장 등에 대해 배울 거예요.

만화로 단원 미리 보기

전기의 이용

단원 안내

(1) 전구에 불이 켜지는 조건 / 전구의 연결 방법에 따른 전구의 밝기
(2) 전자석의 성질과 이용 / 전기의 안전과 절약

병렬로 연결된 전지를 직렬로 연결하면 밝아지지.

1분 밖에 남지 않았잖아.

뭐야, 빨리 도망치자!

저 나사못을 빼면 폭탄이 멈출 것 같은데……

손으로 폭탄을 만지면 폭탄이 터질 수 있으니 전자석으로 나사못을 뽑아 보자.

이제 됐어. 나사못이 뽑혔어.

척

우아! 폭탄이 멈췄다.

이건 P잖아. 역시 괴도 팡팡!

맞아. 괴도 팡팡이야. 여기 쪽지도 있군.

유치한 수수께끼를 보니까 괴도 팡팡이 맞네.

아직 늦지 않았어. 괴도 팡팡을 잡으러 가자.

이어서
개념 웹툰

개념 체크

개념 ① 전구에 불이 켜지는 조건

1. 여러 가지 전기 부품의 쓰임새

전지	전지 끼우개	스위치
→ (+)극과 (−)극이 있습니다.		
전기 회로에 전기를 흐르게 함.	전선을 쉽게 연결할 수 있도록 전지를 넣어 사용함.	전기가 흐르는 길을 끊거나 연결함.

전구	전구 끼우개	집게 달린 전선
필라멘트 / 꼭지쇠 / 꼭지		
빛을 내는 전기 부품임. 전구에 전기가 흐르면 필라멘트에서 빛이 납니다.	전선에 쉽게 연결할 수 있도록 전구를 끼워서 사용함.	전기 부품을 쉽게 연결할 수 있음.

2. 전지, 전구, 전선을 연결하여 전구에 불 켜기

전구에 불이 켜지는 것	전지, 전구, 전선이 끊기지 않게 연결되고, 전구가 전지의 (+)극과 전지의 (−)극에 각각 연결되어 있음.
전구에 불이 켜지지 않는 것	전구가 전지의 (+)극에만 연결되어 있음. 전구를 전지의 (−)극과 연결하면 불이 켜집니다. / 전구가 전지의 (−)극에만 연결되어 있음. 전구를 전지의 (+)극과 연결하면 전구에 불이 켜집니다.

☑ 전기 부품

전기 부품은 ❶ [ㅈ][ㄱ] 가 잘 흐르는 부분과 ❷ [ㅈ][ㄱ] 가 잘 흐르지 않는 부분으로 이루어져 있습니다.

난 전기가 흘러.

난 전기가 흐르지 않아.

정답 ❶ 전기 ❷ 전기

내 교과서 살펴보기 / 지학사

전기 부품이 전기가 잘 흐르는 물질과 전기가 잘 흐르지 않는 물질로 되어 있는 까닭

전기 부품의 모든 부분에 전기가 흐르게 되면 감전 위험이 있을 뿐만 아니라, 제대로 작동하지 않을 가능성이 있기 때문입니다.

용어 여러 가지 전기 부품을 연결하여 전기가 흐르도록 한 것

3. **전기 회로:** 스위치를 닫지 않으면 전구에 불이 켜지지 않고, 스위치를 닫으면 전구에 불이 켜집니다.

⬆ 전기 회로: 스위치를 닫았을 때

4. **전기 회로에서 전구에 불이 켜지는 조건** → 전지, 전구, 전선의 전기가 잘 흐르는 부분끼리 끊어짐 없이 연결되어야 전기가 흘러 전구에 불이 켜집니다.

① 전지, 전구, 전선이 끊기지 않게 연결되어 있습니다.
② 전구가 전지의 (+)극과 전지의 (−)극에 각각 연결되어 있습니다.

개념 ② **전구의 연결 방법에 따른 전구의 밝기**

1. **전구의 연결 방법에 따른 전구의 밝기 비교하기**

전구의 밝기가 밝은 전기 회로

전지 두 개를 서로 다른 극끼리 한 줄로 연결합니다.

전구 두 개가 각각 다른 줄에 나누어 한 개씩 연결되어 있음.

전구의 밝기가 어두운 전기 회로

전구 두 개가 한 줄에 연결되어 있음.

☑ **전기 회로의 스위치를 닫았을 때 전구에 불이 켜지는 까닭**

전기 회로의 스위치를 닫으면 전기 회로에 ❸ | ㅈ | ㄱ | 가 흘러서 전구에 불이 켜집니다.

전기야. 고마워. 네 덕에 빛이 나네.

정답 ❸ 전기

내 교과서 살펴보기 / **천재교과서, 금성**

전지의 수에 따른 전구의 밝기

전기 회로에서 전지 두 개를 연결할 때 한 전지의 (+)극을 다른 전지의 (−)극에 연결하면 전지 한 개를 연결할 때보다 전구의 밝기가 더 밝습니다.

⬆ 전지 한 개를 연결한 전기 회로

⬆ 전지 두 개를 연결한 전기 회로

2. 전구 끼우개에 연결된 전구 한 개를 빼내고 스위치를 닫았을 때 나머지 전구의 변화

전구의 밝기가 밝은 전기 회로	전구의 밝기가 어두운 전기 회로
나머지 전구에 불이 켜짐.	나머지 전구에 불이 켜지지 않음.
└→ 전구 두 개가 각각 다른 줄에 나누어 한 개씩 연결되어 있습니다.	전구 두 개가 한 줄로 연결되어 있습니다. ←┘

3. 전구의 연결 방법

전구의 직렬연결	전구의 병렬연결
• 전기 회로에서 전구 두 개 이상을 한 줄로 연결하는 방법	• 전기 회로에서 전구 두 개 이상을 여러 개의 줄에 나누어 한 개씩 연결하는 방법
• 같은 수의 전구를 병렬연결할 때보다 전구의 밝기가 어두움.	• 같은 수의 전구를 직렬연결할 때보다 전구의 밝기가 밝음.
• 전구를 병렬연결할 때보다 전지를 더 오래 사용할 수 있음.	• 전구를 직렬연결할 때보다 전지를 더 오래 사용할 수 없음.
• 전구 한 개의 불이 꺼지면 나머지 전구의 불도 꺼짐.	• 전구 한 개의 불이 꺼져도 나머지 전구의 불이 꺼지지 않음.

[내 교과서 살펴보기 / 김영사, 동아]

전구의 연결 방법에 따른 전구의 사용 기간

같은 전지를 사용하는 경우 여러 개의 전구를 직렬연결하면 병렬연결할 때보다 전구를 더 오래 사용할 수 있습니다. → 여러 개의 전구를 직렬연결할 때가 전지를 더 오래 사용할 수 있기 때문입니다.

4. 전구 여러 개를 연결한 장식용 나무

① 장식용 나무의 전구는 직렬연결과 병렬연결을 혼합하여 사용합니다.

② 전구를 직렬로만 연결하여 나무를 장식하면 전구 하나가 고장이 났을 때 전체 전구가 모두 꺼지고, 전구를 병렬로만 연결하면 전기와 전선이 많이 소비되기 때문입니다.

⚫ 장식용 나무

☑ **전구의 연결 방법에 따른 차이점**

전구의 연결 방법에 따라 전구의 ❹ [ㅂ][ㄱ] 와 전지의 사용 기간이 다릅니다.

우리는 너희보다 밝게 빛나지.

☑ **전구의 연결 방법에 따라 각 전구에서 소비되는 에너지**

여러 개의 전구를 병렬연결하면 직렬연결할 때보다 각 전구에서 소비되는 에너지가 ❺(작습 / 큽)니다.

아, 힘들어.

정답 ❹ 밝기 ❺ 큽

개념 다지기

1 다음 전기 부품의 이름을 각각 쓰시오.

모습	이름
	(1)
	(2)

2 다음 중 전구에 불이 켜지는 것을 골라 기호를 쓰시오.

㉠   ㉡

(   )

3 다음은 전기 회로에 대한 설명입니다. ☐ 안에 들어갈 알맞은 말을 쓰시오.

> 여러 가지 전기 부품을 연결하여 ☐☐☐이/가 흐르도록 한 것을 전기 회로라고 합니다.

(   )

4 다음 [보기]에서 전구의 밝기가 밝은 전기 회로를 두 가지 골라 기호를 쓰시오.

보기

㉠   ㉡

㉢   ㉣

(,   )

5 다음 중 전구 끼우개에 연결된 전구 한 개를 빼내고 스위치를 닫았을 때의 결과를 줄로 바르게 이으시오.

(1)   ·   · ㉠   나머지 전구에 불이 꺼짐.

(2)   ·   · ㉡   나머지 전구에 불이 꺼지지 않음.

6 다음은 전구의 연결 방법에 대한 설명입니다. ( ) 안의 알맞은 말에 각각 ○표를 하시오.

> 전기 회로에서 전구 두 개 이상을 한 줄로 연결하는 방법을 전구의 (직렬 / 병렬)연결이라고 하고, 전구 두 개 이상을 여러 개의 줄에 나누어 한 개씩 연결하는 방법을 (직렬 / 병렬)연결이라고 합니다.

Step ① 단원평가

9종 공통

[1~5] 다음은 개념 확인 문제입니다. 물음에 답하시오.

1 전기 회로에 전기를 흐르게 하는 전기 부품은 무엇입니까? (   )

2 여러 가지 전기 부품을 연결하여 전기가 흐르도록 한 것을 무엇이라고 합니까?
(   )

3 같은 수의 전구를 (직렬 / 병렬)연결한 전기 회로의 전구가 (직렬 / 병렬)연결한 전기 회로의 전구보다 더 밝습니다.

4 전구를 병렬연결한 전지는 전구를 직렬연결한 전지보다 오래 사용할 수 (없습 / 있습)니다.

5 전기 회로에서 전구 여러 개를 (직렬 / 병렬)연결하였을 때는 전구 한 개의 불이 꺼지면 나머지 전구의 불이 꺼지지 않습니다.

9종 공통

6 다음 전기 부품의 이름에 맞게 줄로 바르게 이으시오.

(1)   •   • ㉠ 전구 끼우개

(2)   •   • ㉡ 스위치

(3)   •   • ㉢ 전지 끼우개

천재교육, 천재교과서, 금성, 동아, 아이스크림

7 다음 설명과 관계있는 전기 부품은 어느 것입니까?
(   )

전기가 흐르는 길을 끊거나 연결합니다.

① 전지   ② 전구
③ 스위치   ④ 전지 끼우개
⑤ 집게 달린 전선

천재교육, 천재교과서, 김영사, 미래엔, 비상

8 다음과 같이 전지, 전선, 전구를 연결했을 때, 결과가 나머지와 다른 하나는 어느 것입니까? (   )

9종 공통

9 다음 중 전기 회로에서 전구에 불이 켜지는 조건으로 옳은 것은 어느 것입니까? (   )
① 전선과 전구만 서로 연결해야 한다.
② 전지와 전선만 서로 연결해야 한다.
③ 전기 회로의 스위치를 닫지 않는다.
④ 전기 부품의 전기가 잘 흐르지 않는 부분끼리 연결해야 한다.
⑤ 전구는 전지의 (+)극과 전지의 (−)극에 각각 연결해야 한다.

[10~11] 다음과 같이 전지와 전구를 연결하여 전기 회로를 만들어 보았습니다. 물음에 답하시오.

천재교과서, 금성

10 위 전기 회로에서 다르게 한 조건은 무엇인지 쓰시오.

(　　　　　)

천재교과서, 금성

11 위 전기 회로에서 스위치를 닫았을 때, 전구의 밝기가 더 밝은 것을 골라 기호를 쓰시오.

(　　　　　)

[12~13] 다음과 같이 전구 두 개의 연결 방법을 다르게 하여 여러 가지 전기 회로를 만들었습니다. 물음에 답하시오.

천재교육, 천재교과서, 미래엔, 지학사

12 위 전기 회로 중 전구의 직렬연결에 해당하는 것을 두 가지 골라 기호를 쓰시오.

(　　 , 　　)

천재교육, 천재교과서, 미래엔, 지학사

13 앞의 전기 회로에서 스위치를 닫았을 때 전구가 더 밝은 전기 회로끼리 바르게 짝지은 것은 어느 것입니까?

(　　　　　)

① ㉠, ㉡　　　　　　② ㉠, ㉣

③ ㉡, ㉢　　　　　　④ ㉡, ㉣

⑤ ㉢, ㉣

천재교과서, 동아

14 다음의 전기 회로에서 전구 끼우개에 연결된 전구 한 개를 빼내고 스위치를 닫으면 나머지 전구는 어떻게 됩니까? (　　)

① 불빛의 색깔이 바뀐다.

② 나머지 전구에 불이 켜진다.

③ 나머지 전구에 불이 켜지지 않는다.

④ 전구 한 개를 빼내기 전보다 전구가 더 밝아진다.

⑤ 전구 한 개를 빼내기 전보다 전구가 더 어두워진다.

천재교과서, 금성, 김영사, 미래엔

15 다음 중 전구의 연결 방법에 대한 설명으로 옳은 것에는 ○표를, 옳지 않은 것에는 ×표를 하시오.

(1) 전기 회로에서 전구 두 개 이상을 한 줄로 연결하는 방법을 전구의 병렬연결이라고 합니다.

(　　)

(2) 같은 수의 전구를 병렬연결한 전기 회로의 전구가 직렬연결한 전기 회로의 전구보다 더 밝습니다.

(　　)

(3) 전구를 병렬연결한 전기 회로의 전지는 전구를 직렬연결한 전기 회로의 전지보다 오래 사용할 수 없습니다.

(　　)

천재교육, 천재교과서, 김영사, 미래엔, 비상

16 다음과 같이 전지, 전선, 전구를 여러 가지 방법으로 연결하였습니다.

(1) 위 전기 회로 중 전구에 불이 켜지지 않는 것을 골라 기호를 쓰시오.

(   )

(2) 위 (1)번의 답과 같이 생각한 까닭을 쓰시오.

답 전구가 전지의 [❶   ]에만 연결되어 있고, [❷   ]에는 연결되어 있지 않기 때문이다.

서술형 가이드

어려워하는 서술형 문제!
서술형 가이드를 이용하여 풀어 봐!

16 (1) 전지, 전구, 전선이 끊기지 않고 연결되어야 전구에 불이 (켜집 / 켜지지 않습)니다.

(2) 전구가 전지의 [ ][ ]과 전지의 (−)극에 각각 연결될 때 전구에 불이 켜집니다.

천재교육, 천재교과서, 미래엔, 비상, 지학사

17 다음의 전기 회로에서 ㉠과 같이 연결하였던 전구 두 개를 ㉡과 같이 바꾸어 연결하였습니다.

(1) 위 전기 회로에서 전구 두 개는 각각 어떤 방법으로 연결되어 있는지 쓰시오.

㉠ (   )

㉡ (   )

(2) 위의 ㉠에서 스위치를 닫았을 때와 전구의 연결 방법을 ㉡과 같이 바꾸어 연결하고 스위치를 닫았을 때 전구의 밝기는 어떻게 되는지 쓰시오.

_____

_____

17 (1) • 전구 두 개를 한 줄로 연결하는 것: 전구의 (직렬 / 병렬)연결

• 전구 두 개를 여러 개의 줄에 나누어 한 개씩 연결하는 것: 전구의 (직렬 / 병렬)연결

(2) 전구 두 개는 직렬연결할 때보다 병렬연결할 때 전구의 밝기가 더 (밝 / 어둡)습니다.

수행평가 가이드
다양한 유형의 수행평가!
수행평가 가이드를 이용해 풀어 봐!

1
단원

진도 완료
체크

학습 주제   전구의 연결 방법에 따른 전구의 밝기 비교하기

학습 목표   전구의 연결 방법에 따른 특징을 설명할 수 있다.

[18~20] 다음은 전구의 연결 방법을 다르게 하여 전기 회로를 만든 모습입니다.

㉠

㉡

천재교육, 천재교과서, 미래엔, 지학사

18 다음은 위의 ㉠과 ㉡ 전기 회로에서 전구 두 개의 연결 방법에 대한 설명입니다. ㈎와 ㈏에 들어갈 알맞은 말을 각각 쓰시오.

> ㉠ 전기 회로는 전구 두 개가 [㈎](으)로 연결되어 있고, ㉡ 전기 회로는 전구 두 개가 [㈏](으)로 연결되어 있습니다.

㈎ (   )

㈏ (   )

전구의 연결 방법

전구의 직렬연결	전구 두 개 이상을 한 줄로 연결하는 방법
전구의 병렬연결	전구 두 개 이상을 여러 개의 줄에 나누어 한 개씩 연결하는 방법

천재교과서, 미래엔

19 위의 ㉠과 ㉡ 중 전지를 더 오래 사용할 수 있는 것을 골라 기호를 쓰시오.

(   )

전지를 오래 사용하려면 각 전구에서 소비되는 에너지가 작아야 해.

천재교육, 천재교과서, 미래엔, 지학사

20 위의 ㉠과 ㉡ 중 전구의 밝기가 더 밝은 것을 골라 기호를 쓰고, 그렇게 생각한 까닭을 쓰시오.

_____

_____

전구의 연결 방법에 다른 전구의 밝기
전구를 직렬연결할 때보다 병렬연결할 때 전구의 밝기가 더 밝습니다.

개념 알기

1. 전기의 이용 (2)

개념 ① 전자석의 성질과 이용

> 용어 전기가 흐르는 전선 주위에 자석의 성질이 나타나는 것을 이용해 만든 자석

1. 전자석 만들기

실험 동영상

전선과 전선이 겹쳐지거나 벌어지지 않도록
촘촘하게 한 방향으로 감습니다.

1️⃣ 전선의 한쪽 끝부분을 10 cm 정도 남기고 빵 끈으로 볼트의 한쪽 끝에 전선 고정하기

전선
양 끝의 겉면이 벗겨진 전선을 사용합니다.
빵 끈
볼트

2️⃣ 전선의 다른 쪽 끝부분이 10 cm 정도 남을 때까지 볼트에 전선을 촘촘하게 감은 뒤 빵 끈으로 전선 고정하기

3️⃣ 집게 달린 전선으로 전지, 스위치, 볼트에 감은 전선의 끝을 연결하여 전자석 완성하기

4️⃣ 완성한 전자석의 스위치를 닫은 뒤 전자석의 한쪽 끝부분을 짧은 빵 끈에 가까이 가져가 보기

짧은 빵 끈이 전자석에 붙습니다.

2. 전자석의 성질 알아보기

실험 동영상

침핀, 클립, 둥근 철 고리 등을 사용할 수도 있습니다.

① 전자석의 끝부분을 짧은 빵 끈에 가까이 가져간 결과

	스위치를 닫지 않았을 때	스위치를 닫았을 때
과정과 결과	짧은 빵 끈이 전자석에 붙지 않음.	짧은 빵 끈이 전자석에 붙음.
알게 된 점	영구 자석은 전기가 흐르지 않아도 자석의 성질이 나타나지만, 전자석은 전기가 흐를 때에만 자석의 성질이 나타난다.	

☑ 전자석

철심에 전선을 감아 전기를 흐르게 하면 전선 주위에 ❶ ⬚ ⬚ 의 성질이 나타납니다.

우아. 나 자석이 되었어.

정답 ❶ 자석

내 교과서 살펴보기 / 금성

전선 주위에 놓인 나침반 바늘의 움직임

- 전선을 나침반 바늘과 나란하게 나침반 위에 올리고, 전선에 전기를 흐르게 하면 나침반 바늘이 움직입니다. ➡ 전기가 흐르는 전선 주위에 자석의 성질이 생기기 때문입니다.
- 전지의 연결 방향을 바꾸면 나침반 바늘이 반대 방향으로 움직입니다.

(−) 전지의 연결 방향을 바꿀 때 (+)

(+) (−)

- 전지 한 개를 연결할 때보다 전지 두 개를 한 줄로 연결할 때 나침반 바늘이 움직이는 각도가 커집니다.

② 전자석에 연결한 전지의 수를 다르게 하여 스위치를 닫았을 때 전자석 끝부분에 붙은 짧은 빵 끈의 개수를 센 결과

	전지 한 개를 연결했을 때	전지 두 개를 서로 다른 극끼리 한 줄로 연결했을 때
과정과 결과	3개	6개
	전지 두 개를 서로 다른 극끼리 한 줄로 연결했을 때 짧은 빵 끈이 더 많이 붙음. └→ 전지 한 개를 연결했을 때보다 전자석의 세기가 더 셉니다.	
알게 된 점	영구 자석은 자석의 세기가 일정하지만, 전자석은 자석의 세기를 조절할 수 있다. → 서로 다른 극끼리 연결하는 전지의 수에 따라 자석의 세기가 달라집니다.	

③ 전자석의 양 끝에 나침반을 놓고 스위치를 닫았을 때 나침반 바늘이 가리키는 방향과 전자석의 극을 표시한 결과

	스위치를 닫았을 때 └→ 나침반 바늘의 S극은 전자석의 N극을, 나침반 바늘의 N극은 전자석의 S극을 가리킵니다.	전지의 극을 반대로 하고 스위치를 닫았을 때
과정과 결과	(+)극 (−)극 N극 S극	(−)극 (+)극 S극 N극
	나침반 바늘이 가리키는 방향이 바뀜.	나침반 바늘이 가리키는 방향이 반대로 바뀜.
알게 된 점	영구 자석은 자석의 극이 일정하지만, 전자석은 자석의 극을 바꿀 수 있다. → 전지의 연결 방향에 따라 자석의 극이 바뀝니다.	

전자석을 이용하는 예 → 이외에도 전동 휠체어, 머리말리개, 자기 공명 영상 장치, 세탁기, 전기 자동차 등이 있습니다.

⚠ 전자석 기중기

⚠ 자기 부상 열차

⚠ 선풍기

⚠ 스피커

개념 체크

1
단원

☑ **전자석의 극**

전자석에 연결한 ❷[ㅈ][ㅈ]의 연결 방향을 반대로 바꾸면 전자석의 극도 바뀝니다.

내 연결 방향을 바꾸면
내 극도 바뀌지.

☑ **전자석 기중기**

전자석을 이용하여 ❸(철 / 유리)로 된 제품을 붙여 다른 장소로 쉽게 옮길 수 있습니다.

난 철로 된 물체를 옮길 수 있어.

정답 ❷ 전지 ❸ 철

1. 전기의 이용 | **17**

개념 ② 전기의 안전과 절약

1. 전기를 위험하게 사용하는 모습과 낭비하는 모습을 찾은 뒤 고친 행동 → 전기를 안전하게 사용하는 방법은 붉은색으로, 전기를 절약하는 방법은 초록색으로 나타내었습니다.

학교

- 낮에는 전등 끄기
- 창문을 닫고 에어컨 켜기
- 플러그의 머리 부분을 잡고 플러그 뽑기
- 전선 주위에서 뛰거나 장난치지 않기
- 젓가락을 콘센트에 넣지 않기 → 감전의 위험이 있습니다.

집

- 냉장고 문을 닫고 물 마시기
- 콘센트 한 개에 플러그 한 개만 꽂습니다. ←
- 물 묻은 손을 수건으로 닦은 뒤 플러그 꽂기
- 콘센트 한 개에 플러그 여러 개를 한꺼번에 꽂아서 사용하지 않기
- 정리되지 않은 전선을 줄로 묶거나 정리하기

2. 전기를 안전하게 사용하고 절약하는 방법

전기를 안전하게 사용하는 방법	• 가구 밑에 전선이 깔리지 않도록 함. • 학교에 있는 전기 스위치로 장난치지 않음. • 전기 제품 위에 젖은 수건을 올려놓지 않음.
전기를 절약하는 방법	• 냉장고 문을 자주 여닫지 않음. • 외출할 때 전등이 켜져 있는지 확인함. • 컴퓨터와 텔레비전을 사용하는 시간을 줄임.

3. 전기를 안전하게 사용하고 절약해야 하는 까닭

① 전기를 안전하게 사용하지 않으면 감전 사고나 전기 화재 등이 발생할 수 있습니다.

② 전기를 절약하지 않으면 자원이 낭비되고 환경 문제가 발생할 수 있습니다.

내 교과서 살펴보기 / **지학사**

전기를 안전하게 사용할 수 있도록 개발한 제품

과전류 차단 장치, 퓨즈, 콘센트 덮개 등

⬆ 과전류 차단 장치

⬆ 콘센트 덮개

☑ **전기를 절약하는 방법**

우리 생활에서 불필요한 전기 사용을 줄이고 외출할 때는 전기 제품을 ❹(켜 , 꺼) 둡니다.

나 좀 꺼 줘.

나도

정답 ❹

개념 다지기

1 다음은 전자석에 대한 설명입니다. ☐ 안에 공통으로 들어갈 알맞은 말을 쓰시오.

9종 공통

> 전자석은 전기가 흐르는 전선 주위에 ☐ 의 성질이 나타나는 것을 이용해 만든 ☐ 입니다.

( )

2 다음은 스위치를 닫지 않았을 때와 닫았을 때 전자석의 끝부분을 클립에 가까이할 때의 결과입니다. 이 중 스위치를 닫았을 때의 결과로 옳은 것을 골라 기호를 쓰시오.

금성, 김영사, 미래엔, 비상, 아이스크림

㉠	㉡
클립이 전자석에 붙지 않음.	클립이 전자석에 붙음.

( )

3 다음은 전자석의 양 끝에 나침반을 놓고 스위치를 닫았을 때의 모습입니다. 전지의 극을 반대로 하고 스위치를 닫았을 때의 모습으로 옳은 것을 보기 에서 골라 기호를 쓰시오.

9종 공통

보기

( )

4 다음 중 전자석에 대한 설명으로 옳지 <u>않은</u> 것은 어느 것입니까? ( )

9종 공통

① 자석의 극이 있다.
② 전자석의 세기를 조절할 수 있다.
③ 전기가 흐르지 않으면 극이 바뀐다.
④ 전기가 흐르면 철로 된 물체가 붙는다.
⑤ 전기가 흐르는 동안에만 극이 나타난다.

5 다음 중 전기를 안전하게 사용하기 위해 플러그를 안전하게 뽑은 경우를 골라 기호를 쓰시오.

9종 공통

㉠	㉡
⬆ 플러그의 머리 부분을 잡고 뽑음.	⬆ 플러그의 전선을 잡고 잡아 당김.

( )

6 다음 보기 에서 전기를 절약하는 방법으로 옳은 것을 두 가지 골라 기호를 쓰시오.

9종 공통

보기

> ㉠ 사용하지 않는 노트북을 켜 둡니다.
> ㉡ 냉장고 문을 자주 여닫지 않습니다.
> ㉢ 에어컨을 켤 때 창문을 열어 둡니다.
> ㉣ 외출할 때 전등이 켜져 있는지 확인합니다.

(,)

Step ① 단원평가

9종 공통

[1~5] 다음은 개념 확인 문제입니다. 물음에 답하시오.

1 전기가 흐르는 전선 주위에 자석의 성질이 나타나는 것을 이용해 만든 자석을 무엇이라고 합니까?

(   )

2 (영구 자석 / 전자석)은 자석의 세기를 조절할 수 있습니다.

3 전자석은 자석의 극을 바꿀 수 (있습 / 없습)니다.

4 플러그의 (머리 / 전선) 부분을 잡고 플러그를 뽑습니다.

5 창문을 (열고 / 닫고) 냉방 기구를 켭니다.

금성

6 다음은 아래의 전기 회로에서 스위치를 닫았을 때 나침반 바늘이 움직이는 까닭입니다. ☐ 안에 들어갈 알맞은 말을 쓰시오.

전기가 흐르는 전선 주위에 [   ]의 성질이 생기기 때문입니다.

(   )

천재교과서

7 다음은 전자석을 만드는 방법입니다. 순서에 맞게 기호를 쓰시오.

> ㉠ 집게 달린 전선으로 전지, 스위치, 볼트에 감은 전선의 끝을 연결합니다.
> ㉡ 전선 한쪽 끝부분을 10 cm 정도 남기고 빵 끈으로 볼트의 한쪽 끝에 전선을 고정합니다.
> ㉢ 전선의 다른 쪽 끝부분이 10 cm 정도 남을 때까지 볼트에 전선을 감은 뒤 빵 끈으로 전선을 고정합니다.

(,   ,   )

금성, 김영사, 미래엔, 비상, 아이스크림

8 다음은 전자석의 끝부분을 클립에 가까이 가져갈 때의 결과입니다. 이를 통해 알 수 있는 전자석의 성질로 옳은 것에 ○표를 하시오.

스위치를 닫지 않았을 때	스위치를 닫았을 때
클립이 전자석에 붙지 않음.	클립이 전자석에 붙음.

(1) 자석의 극을 바꿀 수 있습니다.   (   )
(2) 자석의 세기를 조절할 수 있습니다.   (   )
(3) 전기가 흐를 때만 자석의 성질이 나타납니다.
                                                  (   )

천재교육

9 다음은 전지 한 개와 전지 두 개를 연결한 전자석 끝에 각각 침핀을 가까이 한 결과입니다. 전지 두 개를 서로 다른 극끼리 한 줄로 연결한 전자석을 골라 기호를 쓰시오.

㉠   ㉡

(   )

9종 공통

0 다음과 같이 전자석 양 끝에 놓은 나침반 바늘이 가리키는 방향을 반대로 할 수 있는 방법으로 옳은 것은 어느 것입니까? (   )

① 전지의 극을 반대로 연결한다.

② 스위치 대신 전구를 연결한다.

③ 전자석 주위에 철로 된 물체를 놓는다.

④ 전지를 두 개를 서로 같은 극끼리 한 줄로 연결한다.

⑤ 전지를 두 개를 서로 다른 극끼리 한 줄로 연결한다.

천재교육, 금성, 김영사, 동아, 미래엔, 비상

1 다음 보기 에서 전자석을 이용한 예로 옳은 것을 두 가지 골라 기호를 쓰시오.

보기	
㉠ 전지	㉡ 선풍기
㉢ 나침반	㉣ 자기 부상 열차

(,   )

9종 공통

2 다음 중 전기를 낭비하는 경우로 옳은 것을 골라 기호를 쓰시오.

㉠
◈ 콘센트 한 개에 플러그 여러 개를 한꺼번에 꽂아서 사용하기

㉡
◈ 낮에 전등 켜 두기

(   )

천재교과서, 비상

13 다음 중 전기를 안전하게 사용하는 친구는 누구입니까? (   )

① 연수: 콘센트에 젓가락을 넣어봐야지.

② 민지: 콘센트에 플러그를 한 개만 꽂아 사용해야지.

③ 수근: 물에 젖은 행주를 전기 제품에 걸쳐 놓아야지.

④ 지성: 물 묻은 손으로 전기가 흐르는 전기 제품을 만져야지.

⑤ 민호: 콘센트에서 플러그를 뽑을 때는 전선을 잡아당기면서 뽑아야지.

9종 공통

14 다음 중 전기를 절약하는 방법으로 옳지 <u>않은</u> 것은 어느 것입니까? (   )

① 컴퓨터의 사용 시간을 줄인다.

② 에어컨을 켤 때 창문을 닫는다.

③ 냉장고 문을 자주 여닫지 않는다.

④ 냉장고 문을 열어 놓고 물을 마신다.

⑤ 사용하지 않는 전기 제품은 플러그를 뽑아 놓는다.

천재교육, 천재교과서, 금성, 미래엔, 비상, 지학사

15 다음 중 전기를 안전하게 사용해야 하는 까닭으로 옳은 것을 두 가지 고르시오. (,   )

① 감전될 수 있기 때문이다.

② 전기 화재가 일어날 수 있기 때문이다.

③ 전기를 사용하는 시간이 제한적이기 때문이다.

④ 전기를 만드는 데 적은 비용이 필요하기 때문이다.

⑤ 전기를 만드는 데 적은 시간이 필요하기 때문이다.

천재교육

16 다음과 같이 전자석에 전지를 한 개 연결했을 때와 두 개를 서로 다른 극끼리 한 줄로 연결했을 때 전자석 끝에 붙은 침핀의 개수를 비교해 보았습니다.

㉠

🔺 전지를 한 개 연결했을 때

㉡

🔺 전지 두 개를 연결했을 때

(1) 위 두 전자석의 스위치를 닫았을 때, 전자석의 끝에 붙은 침핀의 개수가 더 많은 것을 골라 기호를 쓰시오.

(   )

(2) 위 실험을 통해 알 수 있는 전자석의 성질을 쓰시오.

답 전자석은 나란히 연결한 ❶ [   ] 의 개수를 달리하여 자석의 ❷ [   ] 을/를 조절할 수 있다.

9종 공통

17 다음은 전기를 사용하고 있는 모습입니다.

㉠

🔺 전선을 잡아당겨 플러그 뽑기

㉡

🔺 창문을 열어 놓고 에어컨 켜 놓기

(1) 위의 ㉠과 ㉡ 중 전기를 위험하게 사용하는 모습을 골라 기호를 쓰시오.

(   )

(2) 위 (1)번 답에 해당하는 모습에서 전기를 안전하게 사용하려면 어떻게 해야 하는지 쓰시오.

_____

_____

서술형 가이드
어려워하는 서술형 문제!
서술형 가이드를 이용하여 풀어 봐!

16 (1) 전자석의 세기가 세질수록 전자석 끝에 침핀이 (적게 / 많이) 붙습니다.

(2) 전자석은 나란히 연결한 전지의 개수에 따라 [ ][ ] 이/가 달라집니다.

17 (1) 플러그를 잡아당겨 전선을 뽑으면 위험하고, 창문을 열어 놓고 에어컨을 켜 놓으면 전기가 [ ][ ] 됩니다.

(2) 플러그를 뽑을 때에는 [ ][ ] 부분을 잡아야 합니다.

Step 3 수행평가

학습 주제 전자석의 성질 알아보기

학습 목표 나침반을 이용하여 전자석의 성질을 알 수 있다.

[18~20] 다음은 전자석의 양 끝에 나침반을 놓고 스위치를 닫았을 때의 결과입니다.

전자석

S극 ㉠   ㉡ N극

9종 공통

18 위 실험에서 ㉠과 ㉡은 각각 무슨 극인지 쓰시오.

㉠ (   )극

㉡ (   )극

9종 공통

19 다음은 위 실험에서 전지의 극을 반대로 연결하고 스위치를 닫았을 때의 결과와 알게 된 점입니다. ☐ 안에 공통으로 들어갈 알맞은 말을 쓰시오.

> 나침반 바늘이 가리키는 방향이 처음과 ☐이/가 되므로 전자석의 극도 ☐이/가 된다는 것을 알 수 있습니다.

(   )

9종 공통

20 위 19번 실험을 통해 알 수 있는 전자석의 성질을 오른쪽 영구 자석과 비교하여 쓰시오.

◎ 여러 가지 영구 자석

_____

_____

수행평가 가이드
다양한 유형의 수행평가!
수행평가 가이드를 이용해 풀어 봐!

1
단원

진도 완료 체크

자석 주위의 나침반 바늘이 가리키는 방향

나침반 바늘의 N극은 자석의 S극을 가리키고, 나침반 바늘의 S극은 자석의 N극을 가리킵니다.

전지의 두 극을 연결한 방향에 따라 극의 위치가 달라져.

영구 자석

막대자석과 같이 자석의 성질이 계속 유지되는 자석입니다.

Q 배점 표시가 없는 문제는 문제당 4점입니다.

천재교육, 동아, 지학사

1 오른쪽의 전구에서 ㉠과 ㉡의 이름을 각각 쓰시오.

㉠ (   )

㉡ (   )

천재교육, 천재교과서, 금성, 동아, 아이스크림

2 다음 중 여러 가지 전기 부품의 쓰임새로 옳은 것은 어느 것입니까? (   )

① 전지: 빛을 낸다.

② 전구: 전기 회로에 전기를 흐르게 한다.

③ 스위치: 전기가 흐르는 길을 끊거나 연결한다.

④ 전구 끼우개: 전선을 쉽게 연결할 수 있도록 전지를 넣어 사용한다.

⑤ 전지 끼우개: 전선에 쉽게 연결할 수 있도록 전구를 넣어 사용한다.

천재교육, 천재교과서, 미래엔

3 다음과 같이 전지, 전선, 전구를 연결했을 때 전구에 불이 켜지지 않는 것은 어느 것입니까? (   )

천재교육, 천재교과서, 미래엔

4 다음은 앞 **3**번 답에서 전구에 불이 켜지지 않는 까닭에 대한 설명입니다. ☐ 안에 들어갈 알맞은 말을 쓰시오.

전구가 전지의 ☐극에만 연결되어 있기 때문입니다.

(   )

9종 공통

5 다음의 전기 회로에 대한 설명으로 옳지 <u>않은</u> 것은 어느 것입니까? (   )

① 스위치를 닫으면 전구에 불이 켜진다.

② 스위치를 닫으면 전기가 흐르지 않는다.

③ 전구, 전지, 전선, 스위치를 연결하여 만든 것이다.

④ 스위치를 닫으면 전지, 전구, 전선이 끊기지 않게 연결된다.

⑤ 전구가 전지의 (+)극과 전지의 (−)극에 각각 연결되어 있다.

천재교과서, 금성

6 다음의 두 전기 회로에 대한 설명으로 옳지 <u>않은</u> 것은 어느 것입니까? ( )

ㄱ

① 전구의 수와 전지의 종류는 같게 한다.
② 스위치를 닫으면 ㄴ은 ㄱ보다 전구의 밝기가 밝다.
③ ㄴ에서 전지는 서로 같은 극끼리 한 줄로 연결되어 있다.
④ 전지의 수에 따른 전구의 밝기를 비교하기 위한 실험이다.
⑤ 전지의 수에 따라 전구의 밝기가 달라진다는 것을 알 수 있다.

[7~8] 다음과 같이 전구의 연결 방법을 다르게 하여 전기 회로를 만들었습니다. 물음에 답하시오.

ㄱ

천재교육, 천재교과서, 금성, 김영사, 동아, 미래엔, 비상, 지학사

7 다음 중 위 전기 회로에서 스위치를 닫았을 때 전구의 밝기를 바르게 비교하여 말한 친구의 이름을 쓰시오.

현수: ㄱ과 ㄴ에서 전구의 밝기가 같아.
서민: ㄱ이 ㄴ보다 전구의 밝기가 밝아.
규진: ㄴ이 ㄱ보다 전구의 밝기가 밝아.

( )

김영사, 동아

8 위 전기 회로 중 전구를 더 오래 사용할 수 있는 것을 골라 기호를 쓰시오.

( )

서술형·논술형 문제

천재교과서, 미래엔

9 다음과 같이 전구의 연결 방법을 다르게 하여 전기 회로를 만들었습니다. [총 12점]

ㄱ

(1) 위의 전기 회로에서 전구 두 개를 직렬연결한 것을 골라 기호를 쓰시오. [4점]

( )

(2) 위의 전기 회로에서 전지의 사용 기간을 비교하여 쓰시오. [8점]

천재교과서

10 다음의 두 전기 회로에 대한 설명으로 옳지 <u>않은</u> 것은 어느 것입니까? ( )

ㄱ
ㄴ

① 전구의 연결 방법이 다르다.
② ㄱ은 ㄴ보다 전구의 밝기가 밝다.
③ ㄴ은 전구가 한 줄로 연결되어 있다.
④ ㄴ은 ㄱ보다 전지를 더 오래 사용할 수 없다.
⑤ ㄱ은 전구가 병렬연결, ㄴ은 전구가 직렬연결되어 있다.

11 오른쪽의 전기 회로에서 나침반 바늘이 반대 방향으로 회전하게 하려면 어떻게 해야 합니까? ( )

금성

① 전지의 극을 반대로 연결한다.
② 전선을 더 굵은 것으로 바꾼다.
③ 전선을 더 얇은 것으로 바꾼다.
④ 전지를 서로 같은 극끼리 한 개 더 연결한다.
⑤ 전지를 서로 다른 극끼리 한 개 더 연결한다.

금성, 김영사, 미래엔, 비상, 아이스크림

12 다음은 스위치를 닫았을 때만 전자석의 끝부분에 클립이 붙는 까닭입니다. ㉠, ㉡에 들어갈 알맞은 말을 각각 쓰시오.

전자석은 ㉠ 이/가 흐를 때만 ㉡ 의 성질이 나타나기 때문입니다.

㉠ ( )
㉡ ( )

🗒 서술형·논술형 문제

천재교육

13 다음과 같이 전지 한 개를 연결한 전자석과 전지 두 개를 서로 다른 극끼리 한 줄로 연결한 전자석의 스위치를 닫았을 때, 전자석 끝에 붙은 침핀의 개수를 비교하여 쓰시오. [8점]

🔺 전지를 한 개 연결했을 때   🔺 전지 두 개를 연결했을 때

_____

_____

[14~15] 다음과 같이 전자석의 양 끝에 나침반을 놓아 두었습니다. 물음에 답하시오.

9종 공통

14 위 실험에서 스위치를 닫았을 때 나침반의 움직임으로 옳은 것을 보기 에서 골라 기호를 쓰시오.

보기
㉠ 나침반 바늘이 계속 돌아갑니다.
㉡ 나침반 바늘이 움직이지 않습니다.
㉢ 나침반 바늘이 가리키는 방향이 바뀝니다.

( )

9종 공통

15 위 실험에서 전지의 극을 반대로 하고 스위치를 닫았더니 다음과 같았습니다. ㉠과 ㉡의 전자석의 극을 각각 쓰시오.

S극 ㉠   ㉡ N극

㉠ ( )
㉡ ( )

16 다음의 전자석이 영구 자석과 다른 점으로 옳은 것을 두 가지 고르시오. (,   )

① N극과 S극이 있다.

② 철로 된 물체가 붙는다.

③ 자석의 세기가 일정하다.

④ 전지의 연결 방향에 따라 극이 바뀐다.

⑤ 전기가 흐를 때만 자석의 성질이 나타난다.

17 다음을 전자석을 이용할 때와 이용하지 않은 것으로 분류할 때, 아래의 자기 부상 열차와 같은 무리에 속하지 <u>않는</u> 것은 어느 것입니까? (   )

① 선풍기   ② 나침반

③ 스피커   ④ 머리말리개

⑤ 전자석 기중기

---

18 다음은 친구들이 전기를 안전하게 사용하는 방법에 대해 이야기한 내용입니다. [총 12점]

> 경수: 물 묻은 손으로 전기 제품을 만져도 돼.
>
> 미나: 전선을 길게 늘어뜨리거나 어지럽게 꼬아서 사용하면 안 돼.
>
> 민서: 콘센트 한 개에 플러그 여러 개를 한꺼번에 꽂아 사용하면 안 돼.

(1) 위의 대화에서 전기를 위험하게 사용한 친구의 이름을 쓰시오. [4점]

(   )

(2) 위 (1)번 답의 친구가 전기를 안전하게 사용하려면 어떻게 해야 하는지 쓰시오. [8점]

_____

_____

19 다음 중 전기를 절약하는 방법으로 옳은 것에는 ○표를, 옳지 <u>않은</u> 것에는 ×표를 하시오.

(1) 사용하지 않는 전등을 끕니다.   (   )

(2) 에어컨을 켤 때 창문을 닫습니다.   (   )

(3) 사용하지 않는 전기 제품의 플러그를 콘센트에 꽂아 놓습니다.   (   )

20 다음 보기 에서 전기를 절약하지 않을 때 일어날 수 있는 점으로 옳은 것을 두 가지 골라 기호를 쓰시오.

> **보기**
>
> ㉠ 자원이 낭비됩니다.
>
> ㉡ 환경 문제가 발생할 수 있습니다.
>
> ㉢ 감전 사고가 발생할 수 있습니다.
>
> ㉣ 전기 화재가 발생할 수 있습니다.

(,   )

1 단원

진도 완료 체크

초등 5학년	이 단원의 학습	중학교
날씨와 우리 생활 습도, 구름, 기압, 공기 덩어리의 성질 등에 대해 배웠어요.	계절의 변화 태양의 남중 고도, 계절의 변화 원인 등에 대해 배워요.	태양계 태양과 태양계의 구성원에 대해 배울 거예요.

만화로 단원 미리보기

계절의 변화

2

이어서
개념 웹툰

태양 고도 / 계절별 태양의 남중 고도

개념 ① 하루 동안 태양 고도, 그림자 길이, 기온 측정하기

1. 하루 동안 태양의 높이: 아침에 태양이 동쪽 지평선에서 떠서 저녁에 서쪽 지평선으로 지기까지 태양의 높이는 계속 달라집니다.

2. 태양 고도

태양 고도	• 뜻: 태양이 지표면과 이루는 각 • 태양이 뜨거나 질 때 태양 고도는 0 °임.
태양의 남중 고도	• 태양 고도는 태양이 정남쪽에 위치했을 때 가장 높고, 이때를 태양이 남중했다고 함. • 태양이 남중했을 때의 고도를 태양의 남중 고도라고 함.

> 용어 공기의 온도로, 보통 지표면에서 1.5 m 높이의 백엽상 속에 놓인 온도계로 측정한 온도임.

실험 동영상

3. 하루 동안 태양 고도, 그림자 길이, 기온 측정하기

내 교과서 살펴보기 / 천재교육

실험 방법	① 태양 고도 측정기를 태양 빛이 잘 드는 편평한 곳에 놓고 막대기의 그림자 길이 측정하기 ② 실을 막대기의 그림자 끝에 맞춘 뒤 막대기의 그림자와 실이 이루는 각인 태양 고도 측정하기 ③ 같은 시각에 기온 측정하기 ④ 일정한 시간 간격을 두고 태양 고도, 그림자 길이, 기온 측정하기

① 막대기 / 막대기의 그림자 길이
→ 막대기의 그림자를 눈금과 평행하게 맞추고 길이를 측정합니다.

② 실 / 태양 고도

실험 결과	측정 시각(시:분)	9:30	10:30	11:30	12:30	13:30	14:30	15:30
	태양 고도(°)	36	46	52	55	52	45	35
	그림자 길이(cm)	15.2	12	10	8.8	10	12.4	15.6
	기온(℃)	21.8	23.5	24.7	25.9	26.8	27.6	27.2

알게 된 점	• 태양 고도, 그림자 길이, 기온은 매 시각 다르다. • 하루 중 태양 고도는 12시 30분경에 가장 높다. • 하루 중 그림자 길이는 12시 30분경에 가장 짧다. • 하루 중 기온은 14시 30분경에 가장 높다.

☑ 태양 고도

태양 고도는 태양이 ❶ [ㅈ][ㄴ] 쪽에 위치했을 때 가장 높습니다.

나보다 더 높이 떠 있을 수는 없을 걸!

동   남   서

정답 ❶ 정남

내 교과서 살펴보기 / 금성, 아이스크림

물체의 길이와 태양 고도

나무 / 태양 빛 / 지표면 / 그림자 길이 / 그림자 길이 / 태양 고도

태양은 지구로부터 매우 멀리 있고 태양 빛은 지구상의 모든 위치에 거의 평행하게 들어오므로, 같은 장소에서 같은 시각에 측정하면 물체의 길이가 다르더라도 태양 고도는 같습니다.

개념 ② 하루 동안 태양 고도, 그림자 길이, 기온의 관계

1. 태양 고도, 그림자 길이, 기온 그래프 그리기

<용어> 가로축과 세로축의 눈금이 만나는 곳에 점을 찍은 다음, 이웃한 두 점을 선분으로 이어 그린 그래프

탐구 과정	❶ 투명 모눈종이 세 장의 가로축에 측정 시각을 각각 쓰기 ❷ 측정한 태양 고도를 꺾은선그래프로 나타내기 ❸ 색깔이 다른 유성 펜을 사용하여 그림자 길이와 기온을 꺾은선그래프로 나타내기 　→ 꺾은선그래프로 나타내면 시간에 따른 측정값의 변화를 쉽게 알 수 있습니다. ❹ 꺾은선그래프가 서로 겹쳐지도록 셀로판테이프로 붙이기
탐구 결과	(그래프: 태양 고도, 기온, 그림자 길이를 측정 시각에 따라 나타낸 꺾은선그래프. 가로축 측정 시각(시:분) 09:30~15:30)
알게 된 점	• 태양 고도가 가장 높은 때와 기온이 가장 높은 때는 시간 차이가 있다. • 태양 고도가 높아지면 그림자 길이는 짧아지고 기온은 대체로 높아진다. • 기온 그래프는 태양 고도 그래프와 모양이 비슷하고, 그림자 길이 그래프는 태양 고도 그래프와 모양이 다르다.

2. 하루 동안 태양 고도, 그림자 길이, 기온 변화

태양 고도	오전에는 점점 높아지다가 12시 30분경에 가장 높고, 오후에는 낮아짐.
그림자 길이	오전에는 점점 짧아지다가 12시 30분경에 가장 짧고, 오후에는 길어짐.
기온	오전에 점점 높아지다가 14시 30분경에 가장 높고, 이후 서서히 낮아짐.

3. 하루 동안 태양 고도, 그림자 길이, 기온의 관계

① 태양 고도가 높아지면 그림자의 길이는 짧아지고 기온은 대체로 높아집니다.

② 태양 고도가 가장 높은 시각과 기온이 가장 높은 시각이 서로 다른 까닭: 지표면이 데워져 공기의 온도가 높아지는 데 시간이 걸리기 때문입니다.
　→ 약 두 시간 정도 차이가 있습니다.

☑ **하루 동안 태양 고도, 그림자 길이, 기온의 관계**

태양 고도가 높아질수록 그림자 길이는 ❷ [ㅉ][ㅇ]지고 지표면은 더 강한 빛을 받으므로 기온이 높아집니다.

태양 고도가 다르니까 그림자 길이도 달라.

☑ **태양 고도가 가장 높은 시각과 기온이 가장 높은 시각이 다른 까닭**

지표면이 데워져 공기의 온도가 높아지는 데 시간이 걸리므로 기온이 가장 높은 시각은 태양이 남중한 시각보다 약 ❸ [ㄷ] 시간 뒤입니다.

태양 고도가 가장 높을 때 기온이 가장 높은 것은 아니구나.

정답 ❷ 짧아 ❸ 두

2. 계절의 변화 | **31**

용어 태양이 지평선 위로 보이기 시작하여 지평선 아래로 저서 보이지 않게 될 때까지의 시간

개념 ③ 계절별 태양의 남중 고도, 낮의 길이, 기온의 변화

1. 계절별 태양의 남중 고도, 낮의 길이 비교하기

① 월별 태양의 남중 고도와 낮의 길이 비교

월별 태양의 남중 고도		• 태양의 남중 고도가 가장 높은 계절: 여름 • 태양의 남중 고도가 가장 낮은 계절: 겨울 • 태양의 남중 고도는 6~7월에 가장 높고, 12~1월에 가장 낮음.
월별 낮의 길이		• 낮의 길이가 가장 긴 계절: 여름 • 낮의 길이가 가장 짧은 계절: 겨울 • 낮의 길이는 6~7월에 가장 길고, 12~1월에 가장 짧음.

② 태양의 남중 고도와 낮의 길이, 월평균 기온의 관계
- 계절에 따라 태양의 남중 고도가 달라집니다.
- 태양의 남중 고도가 높은 여름에는 낮의 길이가 길고 기온이 높습니다.
- 태양의 남중 고도가 낮은 겨울에는 낮의 길이가 짧고 기온이 낮습니다.

2. 계절별 태양의 위치 변화

태양의 남중 고도 비교	여름 > 봄·가을 > 겨울
낮의 길이 비교	여름 > 봄·가을 > 겨울
기온 비교	여름 > 봄·가을 > 겨울

✓ 계절별 태양의 남중 고도

태양의 남중 고도가 **❹**□□은 여름에는 햇빛이 교실 안쪽으로 조금 들어오지만, 태양의 남중 고도가 **❺**□□은 겨울에는 햇빛이 더 깊게 들어옵니다.

정답 ❹ 높 ❺ 낮

내 교과서 살펴보기 / 천재교과서, 미래엔

태양의 남중 고도는 6월경에 가장 높지만 월평균 기온은 8월경에 가장 높은 까닭: 지표면이 데워져 공기의 온도가 높아지는 데 시간이 걸리기 때문입니다.

내 교과서 살펴보기 / 천재교육, 김영사

계절별 태양의 위치 변화
여름에는 태양의 남중 고도가 높고, 겨울에는 태양의 남중 고도가 낮습니다.

개념 다지기

9종 공통

1 태양 고도를 측정할 때 오른쪽의 ㉠~㉢ 중 어느 각을 측정해야 하는지 쓰시오.

(   )

9종 공통

2 다음은 태양 고도와 기온을 나타낸 그래프입니다. ㉠과 ㉡ 중 기온을 나타낸 것을 골라 기호를 쓰시오.

(   )

9종 공통

3 다음 중 태양 고도와 그림자 길이, 기온의 관계에 대한 설명으로 옳은 것은 어느 것입니까? (   )

① 태양 고도가 가장 높을 때 기온이 가장 높다.
② 태양 고도가 높아지면 그림자 길이는 길어진다.
③ 그림자 길이가 길어지면 기온은 대체로 높아진다.
④ 하루 중 그림자 길이는 12시 30분경에 가장 짧다.
⑤ 하루 동안 태양 고도와 그림자 길이, 기온은 변하지 않는다.

9종 공통

4 다음은 하루 동안 태양 고도가 가장 높은 시각과 기온이 가장 높은 시각이 다른 까닭입니다. ☐ 안에 들어갈 알맞은 말을 쓰시오.

지표면이 데워져 [   ]의 온도가 높아지는 데 시간이 걸리기 때문입니다.

(   )

9종 공통

5 다음은 계절별 태양의 남중 고도와 월평균 기온을 나타낸 그래프입니다. 이에 대한 설명으로 옳은 것을 보기 에서 골라 기호를 쓰시오.

보기
㉠ 월평균 기온은 여름에 가장 낮습니다.
㉡ 월평균 기온은 겨울에 가장 높습니다.
㉢ 태양의 남중 고도가 높을수록 월평균 기온은 대체로 높아집니다.

(   )

천재교육, 김영사

6 다음은 계절별 태양의 위치 변화를 나타낸 것입니다. 태양이 ㉠~㉢에 위치할 때의 계절을 각각 쓰시오.

㉠ (   ) ㉡ (   ) ㉢ (   )

Step ① 단원평가

9종 공통

[1~5] 다음은 개념 확인 문제입니다. 물음에 답하시오.

1 태양이 지표면과 이루는 각의 크기를 무엇이라고 합니까?   태양 (   )

2 태양 고도는 태양이 (정동쪽 / 정남쪽)에 위치했을 때 가장 높으며, 이때를 태양이 남중했다고 합니다.

3 태양 고도가 높아지면 그림자의 길이는 (짧아 / 길어) 지고 기온은 대체로 (낮아 / 높아)집니다.

4 태양의 남중 고도는 (여름 / 겨울)에 가장 높고, 기온은 (여름 / 겨울)에 가장 높습니다.

5 태양의 남중 고도가 높아지면 낮의 길이는 (짧아 / 길어) 지고 밤의 길이는 (짧아 / 길어)집니다.

9종 공통

6 다음은 하루 동안 태양의 위치 변화를 나타낸 것입니다. ㉠~㉢ 중 태양이 남중한 모습을 나타낸 것을 골라 기호를 쓰시오.

(   )

7 다음은 태양 고도를 측정하는 방법입니다. ㉠~㉢ 중 옳지 않은 것을 골라 기호를 쓰시오.

9종 공통

> 태양 고도 측정기를 ㉠ 태양 빛이 잘 들지 않는 ㉡ 편평한 곳에 놓고 ㉢ 막대기의 그림자 끝과 실이 이루는 각을 측정합니다.

(   )

9종 공통

8 다음과 같이 막대기와 실을 이용하여 태양 고도를 측정 하였습니다. 태양 고도는 몇 도인지 구하시오.

(   )

천재교육

9 다음은 하루 동안 태양 고도, 그림자 길이를 측정하여 나타낸 것입니다. 태양 고도가 가장 높은 시각과 그림자 길이가 가장 짧은 시각을 각각 쓰시오.

측정 시각(시:분)	태양 고도(°)	그림자 길이(cm)
9:30	36	15.2
10:30	46	12
11:30	52	10
12:30	55	8.8
13:30	52	10
14:30	35	12.4
15:30	45	15.6

(1) 태양 고도가 가장 높은 시각
(   )

(2) 그림자 길이가 가장 짧은 시각
(

[10~11] 다음은 하루 동안 태양 고도와 그림자 길이, 기온의 관계를 나타낸 그래프입니다. 물음에 답하시오.

9종 공통

10 다음 중 위 그래프에 대한 설명으로 옳지 <u>않은</u> 것은 어느 것입니까? ( )

① 태양 고도는 오전에 점점 높아진다.
② 태양 고도가 높아지면 기온도 대체로 높아진다.
③ 태양 고도가 높아지면 그림자 길이는 길어진다.
④ 하루 중 태양 고도는 12시 30분경에 가장 높다.
⑤ 하루 중 그림자 길이는 12시 30분경에 가장 짧다.

9종 공통

11 다음은 하루 동안 태양 고도와 기온의 관계를 설명한 것입니다. □ 안에 들어갈 알맞은 말을 쓰시오.

> 하루 동안 기온이 가장 높은 시각은 태양 고도가 가장 높은 시각보다 약 □ 시간 뒤입니다.

( )

9종 공통

12 태양이 동쪽 지평선에서 보이기 시작하여 서쪽 지평선으로 넘어가 보이지 않게 되는 시각이 다음과 같을 때 낮의 길이는 얼마인지 구하시오.

태양이 보이기 시작하는 시각	6시 40분
태양이 보이지 않게 되는 시각	18시 40분

( )시간

9종 공통

13 다음은 우리나라에서 측정한 월별 태양의 남중 고도 그래프입니다. ㉠과 ㉡에 알맞은 계절을 쓰시오.

㉠ ( )
㉡ ( )

9종 공통

14 다음은 태양의 남중 고도와 낮의 길이에 대한 설명입니다. ㉠과 ㉡에 들어갈 알맞은 말을 각각 쓰시오.

> 태양의 남중 고도가 높아지면 낮의 길이가 ㉠ 지고, 태양의 남중 고도가 낮아지면 낮의 길이가 ㉡ 집니다.

㉠ ( )
㉡ ( )

9종 공통

15 다음은 계절별 태양의 위치 변화를 나타낸 것입니다. 태양의 남중 고도가 가장 높은 계절을 나타낸 것의 기호와 계절을 바르게 짝지은 것은 어느 것입니까?

( )

① ㉠, 여름 ② ㉠, 겨울
③ ㉡, 봄·가을 ④ ㉢, 여름
⑤ ㉢, 겨울

천재교과서

16 다음은 여름과 겨울의 교실 모습을 순서에 관계없이 나타낸 것입니다.

ㄱ   ㄴ

(1) 겨울의 교실 모습을 나타낸 것: (   )

(2) 겨울의 태양의 남중 고도와 낮의 길이:

답 태양의 남중 고도가 ❶ [   ]고 낮의 길이는 ❷ [   ]다.

서술형 가이드
어려워하는 서술형 문제!
서술형 가이드를 이용하여 풀어 봐!

16 (1) 겨울에는 여름보다 햇빛이
교실 [ ][ ]까지 들어
옵니다.
(2) 겨울에는 태양의 남중 고도가
(낮 / 높)습니다.

천재교육

17 다음 그래프를 보고 태양 고도가 높아질 때 그림자 길이, 기온의 변화를 쓰시오.

17 태양 고도와 그림자 길이 그래프
는 모양이 (다르고 / 비슷하고),
태양 고도와 기온 그래프는 모양이
(다릅 / 비슷합)니다.

_____

_____

9종 공통

18 오른쪽은 우리나라에서 계절별 태양의
위치 변화를 나타낸 것입니다.

(1) 위의 ㉠~㉢ 중 겨울과 여름의 태양의 위치 변화를 나타낸 것의 기호를
순서대로 쓰시오.

(,   )

(2) 위의 (1)번 답과 같이 생각한 까닭을 태양 고도와 관련지어 쓰시오.

_____

_____

18 (1) 계절에 따라 태양의 남중
고도가 (같습 / 다릅)니다.
(2) 여름에는 태양의 남중 고도가
(낮 / 높)고, 겨울에는 태양의
남중 고도가 낮습니다.

단원 **실력 쌓기** 정답 5쪽

학습 주제 계절별 태양 남중 고도와 낮의 길이 관계

학습 목표 계절에 따른 태양의 남중 고도와 낮의 길이의 관계를 설명할 수 있다.

9종 공통

9 다음은 월별 태양의 남중 고도와 낮의 길이를 나타낸 것입니다. 빈칸에 들어갈 알맞은 말을 각각 쓰시오.

▲ 월별 태양의 남중 고도

▲ 월별 낮의 길이

태양의 남중 고도가 가장 높은 계절	❶
낮의 길이가 가장 긴 계절	❷
태양의 남중 고도와 낮의 길이 관계	태양의 남중 고도가 높아지면 낮의 길이는 ❸

9종 공통

10 다음은 계절별 태양의 위치 변화를 나타낸 것입니다. 태양의 위치가 ㉠에서 ㉢으로 옮겨갈 때 태양의 남중 고도와 낮의 길이 변화를 각각 쓰시오.

수행평가 가이드
다양한 유형의 수행평가!
수행평가 가이드를 이용해 풀어 봐!

태양의 남중 고도와 낮의 길이 관계
태양의 남중 고도가 높은 여름에는 낮의 길이가 길고, 태양의 남중 고도가 낮은 겨울에는 낮의 길이가 짧습니다.

2
단원

진도 완료
체크

계절별 태양의 위치 변화
여름에는 태양의 남중 고도가 가장 높고, 겨울에는 태양의 남중 고도가 가장 낮습니다.

태양의 위치가 ㉠에서 ㉢으로 옮겨가면 태양 고도가 높아지는 것을 알 수 있어!

개념① 계절에 따라 기온이 달라지는 까닭

용어 태양으로부터 오는 열과 빛 형태의 에너지

실험 동영상

1. 태양의 남중 고도에 따른 태양 에너지 비교하기

① 전등의 기울기에 따른 바람의 세기 비교하기

내 교과서 살펴보기 / 천재교육

실험 방법	**1** 태양 전지판에 프로펠러 달린 전동기를 연결하고 검은색 도화지 위에 올려놓기 **2** 전등과 태양 전지판이 이루는 각을 하나는 크게, 나머지 하나는 작게 하여 전등 설치하기 → 다른 조건은 모두 같게 하고 전등의 기울기만 다르게 하여 실험합니다. **3** 태양 전지판과 전등 사이의 거리가 25 cm가 되게 조절하기 **4** 동일한 밝기의 두 전등을 동시에 켜고 전등의 기울기에 따른 빛이 닿는 면적과 바람의 세기 비교하기 → 프로펠러의 회전 빠르기가 빠를수록 바람의 세기가 셉니다.

실험 결과	전등과 태양 전지판이 이루는 각	각이 클 때	각이 작을 때
	빛이 닿는 면적	좁음.	넓음.
	바람의 세기	셈.	약함.

알게 된 점	• 전등과 태양 전지판이 이루는 각이 클 때: 일정한 면적의 태양 전지판에 도달하는 에너지양이 많기 때문에 바람의 세기가 더 세다. • 전등과 태양 전지판이 이루는 각이 작을 때: 일정한 면적의 태양 전지판에 도달하는 에너지양이 적기 때문에 바람의 세기가 더 약하다.

② 모형실험과 실제 비교하기

모형 실험	전등	태양 전지판	전등과 태양 전지판이 이루는 각
실제	태양	지표면	태양의 남중 고도

2. 태양의 남중 고도와 지표면이 받는 태양 에너지양의 관계: 태양의 남중 고도가 높아지면 일정한 면적의 지표면은 더 많은 태양 에너지를 받습니다.

내 교과서 살펴보기 / 천재교과서

태양 전지판을 기울여 태양 고도를 조절하는 방법

막대기

⌃ 그림자 길이가 짧음.　⌃ 그림자 길이가 김.

태양 전지판의 기울기를 다르게 하여 태양 빛을 비출 때, 태양 전지판에 생긴 막대기의 그림자 길이가 짧을수록 태양 고도가 높습니다.

☑ **태양의 남중 고도와 태양 에너지양의 관계**

태양의 남중 고도가 ㄴ ㅇ

질수록 일정한 면적의 지표면이 받는 태양 에너지양이 많아집니다.

태양이 높이 떠 있어야 힘이 더 세져!

으쌰!

정답 ❶ 높으

3. 계절에 따라 기온이 달라지는 까닭

① 태양의 남중 고도가 높을수록 기온이 높아지는 까닭
- 태양의 남중 고도가 높아지면 일정한 면적의 지표면에 도달하는 태양 에너지 양이 많아져 지표면이 많이 데워지므로 기온이 높아집니다.
- 태양의 남중 고도가 높아지면 낮의 길이도 길어져 기온이 높아지는 데 영향을 줍니다.

② 계절에 따른 태양의 남중 고도와 기온 변화

여름	태양의 남중 고도가 높아 같은 면적의 지표면에 도달하는 태양 에너지 양이 많고 낮의 길이가 길어 기온이 높음.
겨울	태양의 남중 고도가 낮아 같은 면적의 지표면에 도달하는 태양 에너지 양이 적고 낮의 길이가 짧아 기온이 낮음.

빛이 좁은 면적을 비추기 때문에 일정한 면적에 도달하는 에너지 양이 많아요.

🔺 태양의 남중 고도가 높을 때

빛이 넓은 면적을 비추기 때문에 일정한 면적에 도달하는 에너지 양이 적어요.

🔺 태양의 남중 고도가 낮을 때

개념② 계절 변화가 생기는 까닭

. 계절이 변화하는 원인 알아보기

① 실험 방법 → 다른 조건은 모두 같게 하고, 지구본의 자전축 기울기만 다르게 하여 실험합니다.

❶ 태양 고도 측정기를 지구본의 우리나라 위치에 붙이기
❷ 지구본의 자전축을 수직으로 세우고, 전등으로부터 30 cm 떨어진 거리에 두기
❸ 전등의 높이를 태양 고도 측정기와 비슷하게 조절하고 전등 켜기
❹ 지구본을 시계 반대 방향으로 공전시켜 ㈎~㈐ 위치에서 각각 태양의 남중 고도 측정하기 → 태양 고도 측정기가 항상 전등을 바라보게 합니다.
❺ 지구본의 자전축을 23.5° 기울이고 ❸~❹와 같은 방법으로 태양의 남중 고도 측정하기

개념 체크

☑ **계절에 따라 기온이 달라지는 까닭**

계절에 따라 태양의 ❷ ☐ ☐ 고도가 달라지기 때문입니다.

태양의 남중 고도가 높아서 더워.

정답 ❷ 남중

내 교과서 살펴보기 / 천재교육

전등을 태양, 지구본을 지구라고 할 때 실험과 실제의 다른 점
- 실제 태양과 지구 사이의 거리는 전등과 지구본 사이의 거리보다 훨씬 멉니다.

30 cm

- 실험에서는 지구본이 공전만 하지만 실제로 지구는 자전을 하면서 태양 주위를 돕니다.

② 실험 결과

구분	지구본의 자전축을 기울이지 않은 채 공전시킬 때				지구본의 자전축을 기울인 채 공전시킬 때			
모습								
지구본의 위치	(가)	(나)	(다)	(라)	(가)	(나)	(다)	(라)
태양의 남중 고도	52°	52°	52°	52°	52°	76°	52°	29°
실험 결과	지구본의 위치에 따라 태양의 남중 고도가 달라지지 않음.				지구본의 위치에 따라 태양의 남중 고도가 달라짐.			

③ 알게 된 점

- 지구의 자전축이 기울어지지 않은 채 태양 주위를 공전하면, 지구의 위치에 따라 태양의 남중 고도가 달라지지 않습니다.
- 지구의 자전축이 기울어진 채 태양 주위를 공전하면, 지구의 위치에 따라 태양의 남중 고도가 달라집니다. → 지구의 자전축이 기울어진 채 자전만 한다면 낮과 밤은 생기지만 태양의 남중 고도가 달라지지 않으므로 계절 변화가 생기지 않습니다.

2. 계절 변화가 생기는 까닭

용어 지구가 태양 주위를 주기적으로 도는 길

① 지구의 자전축이 공전 궤도면에 대하여 기울어진 채 태양 주위를 공전하기 때문입니다. ➡ 그 결과 지구의 위치에 따라 태양의 남중 고도가 달라져서 일정한 면적의 지표면에 도달하는 태양 에너지양이 달라집니다.

② 우리나라의 여름과 겨울의 태양의 남중 고도

여름에는 태양의 남중 고도가 높습니다.
겨울에는 태양의 남중 고도가 낮습니다.
북반구 여름 / 북반구 겨울

└→ 지구의 자전축이 기울어진 방향이 태양을 향하는 위치에서는 태양의 남중 고도가 높아 여름이 됩니다.

개념 체크

☑ **지구 자전축의 기울기에 따른 태양의 남중 고도**

지구 ❸ [ㅈ][ㅈ][ㅊ]이 기울어진 채 공전하면 태양의 남중 고도가 달라집니다.

지구의 위치에 따라 태양의 남중 고도가 달라져.

정답 ❸ 자전축

내 교과서 살펴보기 / 천재교과서, 금성, 김영사, 미래엔, 아이스크림

남반구에 있는 뉴질랜드의 계절은 우리나라와 어떻게 다를까요?

- 북반구에 있는 우리나라의 태양의 남중 고도가 높을 때 남반구에 있는 뉴질랜드는 태양의 남중 고도가 낮습니다.
- 따라서 우리나라가 여름일 때 뉴질랜드는 겨울입니다.

북반구 여름
태양 빛
남반구 겨울

개념 다지기

[1~3] 다음은 태양의 남중 고도에 따른 태양 에너지양을 비교하기 위한 실험입니다. 물음에 답하시오.

(가)
△ 전등과 태양 전지판이 이루는 각이 클 때

(나)
△ 전등과 태양 전지판이 이루는 각이 작을 때

천재교육

1 위 실험에서 각각의 요소가 실제로 나타내는 것을 줄로 바르게 이으시오.

(1) 전등 •   • ㉠ 지표면

(2) 태양 전지판 •   • ㉡ 태양 고도

(3) 전등과 태양 전지판이 이루는 각 •   • ㉢ 태양

천재교육

2 위 (가), (나) 중 프로펠러의 바람의 세기가 더 센 것의 기호를 쓰시오.

(   )

천재교육

3 위 **2**번과 같은 결과가 나타나는 까닭입니다. ( ) 안의 알맞은 말에 각각 ○표를 하시오.

전등에서 나오는 빛의 양은 일정하지만 전등이 태양 전지판을 비추는 각이 커질수록 빛이 닿는 면적이 (좁아 / 넓어)지므로 같은 면적의 태양 전지판에 도달하는 빛의 양은 (적어 / 많아)지기 때문입니다.

9종 공통

4 다음 지구본의 자전축 기울기와 태양의 남중 고도 변화를 줄로 바르게 이으시오.

(1) 지구본의 자전축이 기울어지지 않은 채 공전할 때 •

• ㉠ 태양의 남중 고도가 달라지지 않음.

(2) 지구본의 자전축이 기울어진 채 공전할 때 •

• ㉡ 태양의 남중 고도가 달라짐.

9종 공통

5 다음 보기 에서 계절 변화가 생기는 까닭에 대한 설명으로 옳은 것을 골라 기호를 쓰시오.

보기
㉠ 지구는 공전하지 않고 자전만 하기 때문입니다.
㉡ 지구의 자전축이 기울어진 채 공전하여 태양의 남중 고도가 달라지기 때문입니다.
㉢ 지구의 자전축이 기울어지지 않은 채 공전하여 태양의 남중 고도가 달라지기 때문입니다.

(   )

9종 공통

6 다음과 같이 지구가 ㉠ 위치에 있을 때 우리나라에서의 계절로 옳은 것은 어느 것입니까? (   )

① 봄   ② 여름
③ 가을   ④ 겨울
⑤ 알 수 없다.

Step 1 단원평가

9종 공통

[1~5] 다음은 개념 확인 문제입니다. 물음에 답하시오.

1 전등과 태양 전지판이 이루는 각이 클 때 프로펠러의 바람 세기가 더 (약합 / 셉)니다.

2 태양의 남중 고도가 높을수록 같은 면적의 지표면이 받는 태양 에너지양이 (적어 / 많아)져 기온이 (낮아 / 높아)집니다.

3 여름과 겨울 중 태양의 남중 고도가 낮아 같은 면적의 지표면에 도달하는 태양 에너지양이 적고 낮의 길이가 짧아 기온이 낮은 계절은 언제입니까?

(   )

4 계절 변화가 생기는 까닭은 지구의 자전축이 (수직인 / 기울어진) 채 태양 주위를 공전하여 태양의 남중 고도가 달라지기 때문입니다.

5 북반구에서는 여름에는 태양의 남중 고도가 (낮고 / 높고), 겨울에는 태양의 남중 고도가 (낮습 / 높습)니다.

9종 공통

6 다음 ( ) 안의 알맞은 말에 각각 ○표를 하시오.

태양의 남중 고도가 (낮은 / 높은) 여름에는 기온이 높아 얇은 옷을 입고 시원한 음식을 먹지만, 태양의 남중 고도가 (낮은 / 높은) 겨울에는 기온이 낮아서 두꺼운 옷을 입고 따뜻한 음식을 많이 먹습니다.

[7~8] 다음과 같이 전등과 태양 전지판이 이루는 각을 다르게 하여 프로펠러의 바람 세기를 비교하였습니다. 물음에 답하시오.

△ 전등과 태양 전지판이 이루는 각이 클 때   △ 전등과 태양 전지판이 이루는 각이 작을 때

천재교육

7 위 실험은 무엇을 알아보기 위한 것인지 다음 보기 에서 골라 기호를 쓰시오.

보기
㉠ 전등의 종류와 태양 에너지양의 관계
㉡ 프로펠러의 종류와 태양 에너지양의 관계
㉢ 태양의 남중 고도와 태양 에너지양의 관계

(   )

천재교육

8 다음 중 위 실험에서 전등과 태양 전지판이 이루는 각이 클 때의 결과에 대한 설명으로 옳은 것을 두 가지 고르시오. (,   )

① 프로펠러의 바람 세기가 더 세다.
② 프로펠러의 바람 세기가 더 약하다.
③ 전등에서 나오는 에너지양이 더 많아진다.
④ 태양 전지판이 더 많은 태양 에너지를 받는다.
⑤ 태양 전지판이 더 적은 태양 에너지를 받는다.

천재교과서

9 다음에서 모눈종이에 비추는 손전등 빛의 밝기가 더 밝은 것을 골라 기호를 쓰시오.

(   )

9종 공통

10 다음 보기에서 계절에 따라 기온이 달라지는 까닭에 대한 설명으로 옳지 <u>않은</u> 것을 골라 기호를 쓰시오.

> **보기**
> ㉠ 태양의 남중 고도와 관련이 있습니다.
> ㉡ 태양의 남중 고도가 높을수록 같은 면적의 지표면에 도달하는 태양 에너지양이 적어집니다.
> ㉢ 같은 면적의 지표면에 도달하는 태양 에너지 양이 많을수록 기온이 높아집니다.

(   )

9종 공통

13 다음에서 앞의 ㉡ 실험 결과를 바르게 이야기한 친구의 이름을 쓰시오.

> 연호: ㈎와 ㈏에서 측정한 태양의 남중 고도는 같아.
> 민진: 지구본의 위치에 따라 태양의 남중 고도가 달라져.

(   )

2 단원

[11~13] 다음은 지구본의 자전축 기울기를 다르게 하여 전등 주위를 공전시키는 모습입니다. 물음에 답하시오.

↟ 지구본의 자전축을 기울이지 않은 채 공전시킬 때

↟ 지구본의 자전축을 기울인 채 공전시킬 때

9종 공통

11 다음은 위 실험을 할 때 주의할 점입니다. ( ) 안의 알맞은 말에 ○표를 하시오.

> 전등의 높이를 태양 고도 측정기와 비슷하게 조절하고, 지구본을 (시계 / 시계 반대) 방향으로 공전시킵니다.

9종 공통

14 다음 중 지구가 자전축이 기울어진 채 태양 주위를 공전하기 때문에 나타나는 현상으로 옳지 <u>않은</u> 것은 어느 것입니까? (   )

① 계절 변화가 생긴다.
② 낮의 길이가 변한다.
③ 그림자 길이가 일정하다.
④ 계절에 따라 기온이 달라진다.
⑤ 태양의 남중 고도가 달라진다.

9종 공통

15 다음은 지구가 태양 주위를 공전하는 모습을 나타낸 것입니다. 지구가 ㉠ 위치에 있을 때에 대한 설명으로 옳지 <u>않은</u> 것은 어느 것입니까?(   )

① 우리나라는 여름이다.
② 뉴질랜드는 겨울이다.
③ 기온은 남반구가 더 높다.
④ 낮의 길이는 북반구가 더 길다.
⑤ 태양의 남중 고도는 북반구가 더 높다.

9종 공통

12 다음은 위의 ㉠에서 측정한 태양의 남중 고도입니다. 빈칸에 들어갈 알맞은 숫자를 각각 쓰시오.

지구본의 위치	㈎	㈏	㈐	㈑
태양의 남중 고도(°)		52		52

천재교육

16 다음은 태양의 남중 고도에 따른 태양 에너지양을 알아보기 위한 실험입니다.

⊙

프로펠러

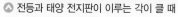

△ 전등과 태양 전지판이 이루는 각이 클 때

ⓛ

프로펠러

△ 전등과 태양 전지판이 이루는 각이 작을 때

(1) 프로펠러의 바람 세기가 더 센 것: (　　　　　　　　　　)

(2) 실험 결과 알게 된 점

답 태양의 남중 고도가 ❶ [　　　　　] 아지면 일정한 면적의 지표면에

도달하는 ❷ [　　　　　　　] 이/가 많아진다.

16 (1) 태양 전지판이 받는 태양 에너지양이 많을수록 바람 세기가 더 (셉 / 약함)니다.

(2) 지표면이 받는 태양 에너지양은 태양의 남중 [　][　]와 관련이 있습니다.

9종 공통

17 오른쪽은 여름과 겨울일 때 태양의 남중 고도를 나타낸 것입니다. 겨울과 비교하여 여름에 기온이 높은 까닭을 태양 에너지양과 관련지어 쓰시오.

△ 여름　　　△ 겨울

_____

_____

17 우리나라는 (여름 / 겨울)에 태양의 남중 고도가 가장 높습니다.

9종 공통

18 다음과 같이 지구가 ㉠과 ㉡ 위치에 각각 있을 때 남반구에서 태양의 남중 고도를 비교하여 쓰시오.

㉠　　　태양　　　㉡

_____

_____

18 남반구에 있는 나라는 북반구에 있는 우리나라와 계절이 (같습 / 반대입)니다.

Step 3 수행평가

학습 주제 계절 변화가 생기는 까닭

학습 목표 모형실험을 통해 계절 변화가 생기는 까닭을 알 수 있다.

9종 공통

19 다음은 지구의 자전축이 기울어진 채 태양 주위를 공전하는 모습을 모형실험으로 나타낸 것입니다.

△ 지구본을 23.5° 기울이고, 전등으로부터 30 cm 거리에 둠.

△ 지구본의 자전축을 기울인 채 전등 주위를 공진시킴.

(1) 지구본의 ㈎~㈏ 위치에서 태양의 남중 고도는 달라지는지, 달라지지 않는지 쓰시오.

(　　　　　　　　　)

(2) 다음은 위 (1)번의 실험 결과 알 수 있는 계절이 변하는 까닭입니다. ☐ 안에 들어갈 알맞은 말을 쓰시오.

> 지구의 자전축이 기울어진 채 태양 주위를 공전하면 ☐이/가 달라지기 때문에 계절 변화가 생깁니다.

(　　　　　　　　　)

9종 공통

20 다음은 지구와 태양의 모습입니다. 지구가 ㉠ 위치에 있을 때 우리나라의 기온을 ㉡ 위치에 있을 때와 비교하여 쓰고, 그 까닭을 태양의 남중 고도와 관련지어 쓰시오.

_____

_____

수행평가 가이드
다양한 유형의 수행평가!
수행평가 가이드를 이용해 풀어 봐!

모형실험이 나타내는 것

전등	태양
지구본	지구
지구본을 회전시키는 것	지구의 공전

2 단원

진도 완료 체크

> 지구의 자전축이 수직인 채 공전한다면 태양의 남중 고도는 달라지지 않아.

지구의 북반구와 남반구의 계절

북반구와 남반구는 계절이 반대이므로 북반구가 여름일 때 남반구는 겨울입니다.

2. 계절의 변화

점수

Q 배점 표시가 없는 문제는 문제당 4점입니다.

9종 공통

1 다음은 태양 고도에 대한 설명입니다. ㉠과 ㉡에 들어갈 말을 바르게 짝지은 것은 어느 것입니까? (   )

> 태양 고도는 태양이 ㉠ 쪽에 위치했을 때 가장 높습니다. 이때를 태양이 ㉡ 했다고 합니다.

	㉠	㉡		㉠	㉡
①	정동	동중	②	정동	남중
③	정남	동중	④	정남	남중
⑤	정북	북중			

9종 공통

2 다음에서 막대기의 그림자 끝과 실이 이루는 각 ㉠을 무엇이라고 하는지 쓰시오.

실
막대기
㉠

(   )

금성, 아이스크림

3 다음 중 태양 고도를 측정하면서 막대기의 길이를 길게 했을 때의 변화에 대한 설명으로 옳은 것을 두 가지 고르시오. (,   )

① 태양 고도가 낮아진다.
② 태양 고도가 높아진다.
③ 태양 고도가 일정하다.
④ 그림자 길이가 짧아진다.
⑤ 그림자 길이가 길어진다.

9종 공통

4 다음에서 태양 고도를 측정한 시각과 태양 고도를 줄로 바르게 이으시오.

(1) 오전 8시 •

(2) 오전 11시 •

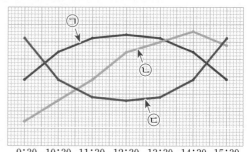

• ㉠

태양
막대기
막대기의 그림자

• ㉡

🗂 서술형·논술형 문제

9종 공통

5 다음은 하루 동안 태양 고도, 그림자 길이, 기온 변화를 나타낸 그래프입니다. [총 10점]

㉠
㉡
㉢

9:30 10:30 11:30 12:30 13:30 14:30 15:30
측정 시각(시:분)

(1) 위의 ㉠~㉢은 각각 무엇을 나타내는지 쓰시오.
[3점]

㉠ (
㉡ (
㉢ (

(2) 태양 고도와 그림자 길이는 어떤 관계가 있는지 쓰시오. [7점]

_____

_____

6 다음은 하루 동안 그림자 길이를 측정하여 표로 나타낸 것입니다. 이에 대한 설명으로 옳은 것을 두 가지 고르시오. (,   )

측정 시각	그림자 길이	측정 시각	그림자 길이
10:30	10.4 cm	13:30	8.7 cm
11:30	8.4 cm	14:30	11.1 cm
12:30	7.8 cm	15:30	15.4 cm

① 하루 동안 그림자 길이는 계속 짧아진다.
② 하루 동안 그림자 길이는 변하지 않는다.
③ 14시 30분경에 그림자 길이가 가장 짧다.
④ 12시 30분경에 그림자 길이가 가장 짧다.
⑤ 11시 30분경에 그림자 길이는 8.4 cm이다.

7 다음 중 태양 고도, 그림자 길이, 기온의 관계에 대한 설명으로 옳은 것은 어느 것입니까? (   )

① 태양 고도가 높아지면 기온은 낮아진다.
② 그림자 길이가 짧을 때 기온은 대체로 낮다.
③ 태양 고도가 가장 높은 때 기온은 가장 높다.
④ 태양 고도가 높아지면 그림자 길이가 짧아진다.
⑤ 하루 동안 태양 고도와 그림자 길이, 기온은 항상 같다.

8 다음은 계절에 따라 태양이 남중한 모습을 나타낸 것입니다. 기온이 가장 높은 계절의 기호를 쓰시오.

(   )

서술형·논술형 문제

9 다음은 계절별 태양의 위치 변화를 나타낸 것입니다.

[총 12점]

(1) 위의 ㉠~㉢ 중 여름과 겨울의 태양의 위치 변화를 나타낸 것을 골라 순서대로 기호를 쓰시오. [4점]

(,   )

(2) 위에서 태양의 위치가 ㉢에서 ㉠으로 옮겨질 때 낮의 길이 변화를 쓰시오. [8점]

_____

_____

10 다음은 월별 낮의 길이 변화를 나타낸 그래프입니다. 낮의 길이가 가장 긴 때와 가장 짧은 때를 보기 에서 골라 기호를 쓰시오.

보기
㉠ 3~4월   ㉡ 6~7월
㉢ 9~1월   ㉣ 12~1월

(1) 낮의 길이가 가장 긴 때: (   )
(2) 낮의 길이가 가장 짧은 때: (   )

2. 계절의 변화 | **47**

[11~12] 다음은 태양의 남중 고도에 따른 태양 에너지양을 비교하기 위한 실험입니다. 물음에 답하시오.

(가)
프로펠러
⬆ 전등과 태양 전지판이 이루는 각이 클 때

(나)
프로펠러
⬆ 전등과 태양 전지판이 이루는 각이 작을 때

천재교육

11 위 실험에 대한 설명으로 옳지 <u>않은</u> 것을 보기에서 골라 기호를 쓰시오.

> 보기
> ㉠ (가)는 태양의 남중 고도가 높은 때를 나타냅니다.
> ㉡ 전등은 태양, 태양 전지판은 지표면에 해당합니다.
> ㉢ (나)에서는 전등이 넓은 면적을 비추기 때문에 일정한 면적에 도달하는 에너지양이 많습니다.

(   )

천재교육

12 다음은 위의 (가)와 (나) 중 어느 실험의 결과에 대한 설명인지 기호를 쓰시오.

> 일정한 면적의 태양 전지판에 도달하는 태양 에너지양이 더 많기 때문에 프로펠러의 바람 세기가 더 셉니다.

(   )

9종 공통

13 다음 보기에서 여름에 기온이 높아지는 까닭에 대한 설명으로 옳지 <u>않은</u> 것을 골라 기호를 쓰시오.

> 보기
> ㉠ 여름에는 낮의 길이가 길어집니다.
> ㉡ 여름에는 태양의 남중고도가 낮습니다.
> ㉢ 여름에는 겨울보다 같은 면적의 지표면에 도달하는 태양 에너지양이 많습니다.

(   )

천재교과서

14 다음 ㉠~㉢ 중 일정한 면적의 지표면에 도달하는 태양 에너지양이 가장 많은 것을 골라 기호를 쓰시오.

㉠ 태양

㉡

㉢

(   )

📦 서술형·논술형 문제   9종 공통

15 다음은 지구본의 자전축이 기울어지지 않은 채 전등 주위를 공전시키면서 태양의 남중 고도를 비교하는 실험의 모습입니다. [총 10점]

자전축
(가)
(나)
(다)
(라)

(1) 위 실험에서 전등을 태양이라고 할 때 (가)~(라) 중 위치에서 측정해야 하는 것을 쓰시오. [2점]

(   )

(2) 위의 (가)~(라) 각 위치에서 측정한 태양의 남중 고도는 어떠한지 쓰시오. [8점]

_____

_____

[16~17] 다음은 지구본의 자전축의 기울기를 다르게 하여 전등 주위를 공전시키는 모습입니다. 물음에 답하시오.

자전축

(가)

(나)　　　(라)

(다)

⚠ 지구본의 자전축을 기울이지 않은 채 공전시킬 때

⚠ 지구본의 자전축을 기울인 채 공전시킬 때

16 다음은 위 실험의 결과입니다. ㉠과 ㉡에 들어갈 말을 각각 쓰시오.

※ 지구본의 자전축을 ㉠ 채 공전시킬 때				
지구본의 위치	(가)	(나)	(다)	(라)
태양의 남중 고도(°)	52	52	52	25

※ 지구본의 자전축을 ㉡ 채 공전시킬 때				
지구본의 위치	(가)	(나)	(다)	(라)
태양의 남중 고도(°)	52	76	52	29

㉠ (　　　　　　　　　)

㉡ (　　　　　　　　　)

17 다음은 위 실험을 통해 알게 된 점을 정리한 것입니다. ☐ 안에 들어갈 알맞은 말을 각각 쓰시오.

지구의 자전축이 기울어진 채 태양 주위를 공전할 때	지구의 위치에 따라 태양의 남중 고도가 ❶
지구의 자전축이 기울어지지 않은 채 태양 주위를 공전할 때	지구의 위치에 따라 태양의 남중 고도가 ❷

18 다음 보기 에서 계절에 따라 달라지는 것이 아닌 것을 골라 기호를 쓰시오.

보기
㉠ 기온
㉡ 낮의 길이
㉢ 지구의 공전 방향
㉣ 태양의 남중 고도

(　　　　　　　　　)

2 단원

진도 완료 체크

19 다음은 계절 변화가 생기는 까닭입니다. ㉠과 ㉡에 들어갈 알맞은 말을 각각 쓰시오.

지구의 자전축이 기울어진 채 태양 주위를 ㉠ 하여 ㉡ 이/가 달라지기 때문입니다.

㉠ (　　　　　　　　　)

㉡ (　　　　　　　　　)

20 다음은 지구가 ㉠과 ㉡ 중 어느 위치에 있을 때 북반구에서 나타나는 모습인지 쓰시오.

• 기온이 낮습니다.
• 낮의 길이가 짧습니다.
• 태양의 남중 고도가 낮습니다.

(　　　　　　　　　)

연관 학습 안내

연소와 소화

3

이어서
개념 웹툰

개념
알기

3. 연소와 소화(1)

개념 ① 물질이 탈 때 나타나는 현상

실험 동영상

1. 초와 알코올이 탈 때 나타나는 현상 관찰하기

구분	초가 탈 때	알코올이 탈 때
불꽃이 타는 모습	• 불꽃의 모양은 위아래로 길쭉한 모양임. • 불꽃의 색깔은 노란색, 붉은색 등 다양함.	• 불꽃의 모양은 위아래로 길쭉한 모양임. • 불꽃의 색깔은 푸른색, 붉은색 등 다양함.
불꽃의 밝기	불꽃의 위치에 따라 밝기가 다름.	불꽃의 위치에 따라 밝기가 다름.
손을 가까이 했을 때	손이 따뜻해짐.	손이 따뜻해짐.
그 밖에 관찰한 것	• 심지 주변이 움푹 팸. • 시간이 지날수록 초의 길이가 줄어듦. • 초가 녹아 촛농이 흘러내리고, 흘러내린 촛농이 굳어 고체가 됨.	• 시간이 지날수록 알코올의 양이 줄어듦. • 불꽃이 흔들림.

불꽃의 윗부분은 밝고 아랫부분은 어둡습니다.

→ 불꽃의 아랫부분이나 옆 부분보다 윗부분이 더 뜨겁습니다.

알게 된 점 »
• 초와 알코올이 탈 때 나타나는 공통적인 현상: 물질이 빛과 열을 내면서 타고, 물질의 양이 변한다. → 빛이 나기 때문에 주변이 밝아지고 열이 나기 때문에 따뜻해집니다.

2. 물질이 탈 때 발생하는 빛이나 열을 이용하는 예 → 불꽃놀이, 숯불, 모닥불 등

주로 빛을 이용한 예	주로 열을 이용한 예
⬧ 케이크 위의 촛불 ⬧ 강물 위에 뜬 유등	⬧ 가스레인지의 불꽃 ⬧ 벽난로의 장작불

용어 기름으로 켜는 등불

6

물질이 탈 때 나타나는 현상 / 물질이 탈 때 필요한 것

개념 체크

☑ **물질이 탈 때 나타나는 현상을 이용하는 예**

물질이 탈 때 발생하는 ❶ ㅂ 으로 어두운 곳을 밝힐 수 있고, ❷ ㅇ 로 난방이나 요리를 할 수 있습니다.

물질이 탈 때 발생하는 여러 가지 색깔의 빛을 이용했지.

정답 ❶ 빛 ❷ 열

내 교과서 살펴보기 / 미래엔, 지학사

탈 물질

빛과 열을 발생하며 타는 물질을 탈 물질이라고 합니다.

⬧ 성냥불   ⬧ 점화기 불

개념 2 물질이 탈 때 필요한 것

1. 초가 탈 때 필요한 기체 알아보기 실험에서 같게 해야 할 조건은 초의 크기, 심지의 길이, 아크릴 통으로 촛불을 덮는 시간 등입니다.

① 초 두 개에 불을 붙이고 아크릴 통으로 덮은 후 촛불 관찰하기

촛불 하나만 아크릴 통으로 덮었을 때	크기가 다른 아크릴 통으로 촛불 두 개를 동시에 덮었을 때
계속 탐. 시간이 지나면 꺼짐.	먼저 꺼짐. 더 오래 탐.
시간이 지나면서 아크릴 통으로 덮은 쪽의 촛불만 촛불의 크기가 작아지다가 꺼짐.	작은 아크릴 통 안의 촛불이 먼저 꺼짐. ➡ 큰 아크릴 통보다 작은 아크릴 통 안에 공기(산소)가 적게 들어 있기 때문임.

공기의 양에 따라 초가 타는 시간이 달라집니다.

② 초가 타기 전과 탄 후의 아크릴 통 안에 들어 있는 공기 중의 산소 비율 측정하기

실험 방법

초가 타기 전과 타고 난 후의 산소 비율을 각각 측정해.

기체 채취기의 손잡이를 당기면 기체가 검지관을 통과하면서 검지관의 색깔이 변해 아크릴 통 안의 산소 비율을 알 수 있음.

기체 채취기
기체 검지관
아크릴 통

실험 결과

초가 타기 전 아크릴 통 안의 산소 비율(%)	초가 타고 난 후 아크릴 통 안의 산소 비율(%)
약 21	약 17

• 초가 타기 전보다 타고 난 후의 산소 비율이 줄었음.
• 산소 비율이 달라진 까닭: 초가 탈 때 산소가 필요하기 때문임.

산소는 물질이 잘 타게 도와줍니다.

①과 ② 실험을 통해 알게 된 점 》
• 물질이 타기 위해서는 산소가 필요하다.
• 산소가 없으면 탈 물질이 있더라도 타지 않는다.

☑ **공기의 양에 따른 초가 타는 시간 비교**

공기(산소)의 양이 ❸(많을 / 적을) 수록 초가 더 오래 탑니다.

공기가 부족해.
난 아직 괜찮은데……

정답 ❸ 많을

3 단원

내 교과서 살펴보기 / 미래엔

크기가 다른 초가 탈 때 변화 관찰

• 방법: 크기가 다른 초 두 개에 불을 동시에 붙인 뒤 촛불의 변화를 관찰합니다.
• 결과: 크기가 작은 초의 촛불이 먼저 꺼집니다. ➡ 초가 타는 데 탈 물질이 필요함을 알 수 있습니다.

2. 불을 직접 붙이지 않고 물질 태워 보기

① 구리판의 가운데를 알코올램프로 가열하기 → 구리판 대신 철판을 사용할 수 있습니다.

실험 동영상

성냥 머리 부분을 구리판의 가운데에 올려놓고 가열할 때	성냥 머리 부분	
	성냥 머리 부분에 불이 붙음.	
성냥 머리 부분과 향을 구리판의 원 위에 올려놓고 가열할 때	성냥 머리 부분 향	
	성냥 머리 부분에 먼저 불이 붙음. ➡ 성냥 머리 부분이 향보다 불이 붙는 온도가 낮기 때문임.	

 알게
된 점
  >>
- 물질의 온도를 높이면 불을 직접 붙이지 않고도 물질을 태울 수 있다.
- 물질에 따라 불이 붙는 데 걸리는 시간이 다르다.

② 발화점: 어떤 물질이 불에 직접 닿지 않아도 스스로 타기 시작하는 온도

③ 물질에 따라 불이 붙는 데 걸리는 시간이 다른 까닭: 물질의 종류에 따라 발화점이 다르기 때문입니다. → 성냥 머리 부분이 향보다 발화점이 낮고,
발화점이 낮으면 불이 잘 붙습니다.

④ 불을 직접 붙이지 않고 물질을 태우는 방법 예

← 볼록 렌즈

⚠ 볼록 렌즈로 햇빛을 모아 태우기

성냥갑

⚠ 성냥갑에 성냥 머리를 마찰하여
불 켜기
  용어 두 물체를 서로 닿게 하여 비비는 것

부싯돌

⚠ 부싯돌에 철을 마찰하여 태우기

산소가 없는 달에서는 물질이 연소할 수 없고, 철, 구리와 같은 금속 물질도 발화점에 도달하면 연소할 수 있어.

3. 연소와 연소의 조건

연소	물질이 산소와 만나 빛과 열을 내는 현상
연소의 조건	연소가 일어나려면 탈 물질, 산소, 발화점 이상의 온도가 필요함.

개념 체크

✓ **발화점**

어떤 물질이 불에 직접 닿지 않아도 스스로 ❹[타][기] 시작하는 온도를 발화점이라고 합니다.

힘 내! 온도를 더 높여야 한다고!

✓ **연소**

물질이 ❺[산][소]와 만나 빛과 열을 내는 현상을 연소라고 합니다.

세 가지 조건이 모두 있어야 연소가 일어나.

탈 물질
발화점
이상의
온도 산소

정답 ❹ 타기 ❺ 산

개념 다지기

천재교육, 천재교과서, 동아, 지학사

[1~3] 다음은 초와 알코올이 타는 모습입니다. 물음에 답하시오.

△ 초

△ 알코올

1 9종 공통

초가 탈 때 나타나는 현상으로 옳은 것을 보기 에서 골라 기호를 쓰시오.

보기
㉠ 불꽃의 모양은 동그란 모양입니다.
㉡ 불꽃의 색깔은 붉은색으로만 보입니다.
㉢ 불꽃에 손을 가까이 하면 손이 따뜻해집니다.

(   )

2 9종 공통

다음은 알코올이 탈 때 나타나는 현상에 대한 설명입니다. (   ) 안의 알맞은 말에 ○표를 하시오.

시간이 지날수록 알코올의 양이 (늘어납니다 / 줄어듭니다).

3 9종 공통

다음 중 초와 알코올이 탈 때 공통적으로 나타나는 현상으로 옳지 <u>않은</u> 것은 어느 것입니까? (   )
① 주변이 밝아진다.
② 주변이 따뜻해진다.
③ 빛과 열이 발생한다.
④ 물질의 양이 변하지 않는다.
⑤ 불꽃의 위치에 따라 밝기가 다르다.

4

다음과 같이 초 두 개에 불을 붙이고 크기가 다른 아크릴 통으로 촛불을 동시에 덮었을 때 촛불이 먼저 꺼지는 것의 기호를 쓰시오.

(   )

5 천재교과서, 지학사

오른쪽과 같이 성냥 머리 부분과 향을 구리판의 원 위에 올려놓고 알코올램프로 구리판의 가운데 부분을 가열하였습니다. 불이 붙는 순서에 맞게 줄로 바르게 이으시오.

성냥 머리 부분   향

(1) 향   ·   ·㉠ 먼저 불이 붙음.

(2) 성냥 머리 부분   ·   ·㉡ 나중에 불이 붙음.

6 9종 공통

다음은 연소의 조건에 대한 설명입니다. ☐ 안에 들어갈 알맞은 말을 쓰시오.

연소가 일어나려면 탈 물질, 산소, ☐ 이상의 온도가 필요합니다.

(   )

3
단원

Step **1** 단원평가

9종 공통

[1~5] 다음은 개념 확인 문제입니다. 물음에 답하시오.

1 초가 탈 때 불꽃의 윗부분과 아랫부분 중 더 밝은 부분은 어느 것입니까? (   )

2 물질이 탈 때에는 (빛 / 열)이 나기 때문에 주변이 밝아지고, (빛 / 열)이 나기 때문에 따뜻해집니다.

3 물질이 타려면 공기 중의 (산소 / 이산화 탄소)가 필요합니다.

4 어떤 물질이 불에 직접 닿지 않아도 스스로 타기 시작 하는 온도를 그 물질의 무엇이라고 합니까?
(   )

5 물질이 산소와 만나 빛과 열을 내는 현상을 무엇이라고 합니까? (   )

9종 공통

6 다음 중 오른쪽과 같이 초가 탈 때 관찰할 수 있는 현상으로 옳은 것을 두 가지 고르시오.
(,   )

① 심지 주변이 평평해진다.
② 불꽃의 모양은 동그랗다.
③ 불꽃의 위치에 관계없이 밝기가 일정하다.
④ 불꽃의 색깔은 붉은색, 노란색 등 다양하다.
⑤ 불꽃 옆으로 손을 가까이 하면 손이 따뜻해진다.

9종 공통

7 다음 보기 에서 물질이 탈 때 공통적으로 나타나는 현상으로 옳은 것을 골라 기호를 쓰시오.

보기
㉠ 빛과 열이 발생합니다.
㉡ 불꽃의 색깔은 붉은색만 보입니다.
㉢ 시간이 지나도 물질의 양은 변하지 않습니다.

(   )

9종 공통

8 다음 중 물질이 탈 때 나타나는 현상을 이용하는 예가 아닌 것은 어느 것입니까? (   )

①
△ 케이크 위의 촛불

②
△ 가스레인지의 불꽃

③
△ 네온사인

④
△ 숯불

미래엔

9 다음 중 양초 점토 4.8 g으로 만든 큰 초와 1.2 g으로 만든 작은 초에 불을 동시에 붙였을 때의 결과로 옳은 것은 어느 것입니까? (   )

① 큰 초의 촛불이 먼저 꺼진다.
② 작은 초의 촛불이 먼저 꺼진다.
③ 두 초의 촛불이 동시에 꺼진다.
④ 작은 초의 촛불은 꺼지지 않고 계속 탄다.
⑤ 두 초의 촛불 모두 꺼지지 않고 계속 탄다.

[10~11] 다음과 같이 초 두 개에 불을 붙이고 크기가 다른 아크릴 통으로 촛불을 동시에 덮었습니다. 물음에 답하시오.

천재교육, 천재교과서, 동아, 지학사

10 위 실험에서 다르게 한 조건을 보기 에서 골라 기호를 쓰시오.

> **보기**
> ㉠ 초의 길이
> ㉡ 심지의 길이
> ㉢ 아크릴 통의 크기
> ㉣ 아크릴 통으로 촛불을 덮는 시간

( )

천재교육, 천재교과서, 동아, 지학사

11 다음 중 위 실험 결과에 대한 설명으로 옳은 것은 어느 것입니까? ( )

① ㉠과 ㉡의 촛불이 동시에 꺼진다.
② ㉠의 촛불이 ㉡의 촛불보다 더 오래 탄다.
③ ㉡의 촛불이 ㉠의 촛불보다 더 오래 탄다.
④ ㉠과 ㉡의 촛불 모두 꺼지지 않고 계속 탄다.
⑤ ㉠의 촛불은 꺼지지만, ㉡의 촛불은 꺼지지 않고 계속 탄다.

천재교과서, 지학사

12 다음은 초가 타기 전과 초가 타고 난 후 아크릴 통 안에 들어 있는 공기 중의 산소 비율을 측정한 결과입니다. 이것으로 알 수 있는 초가 탈 때 필요한 기체는 무엇인지 쓰시오.

초가 타기 전 아크릴 통 안의 산소 비율	초가 타고 난 후 아크릴 통 안의 산소 비율
약 21 %	약 17 %

( )

동아, 미래엔, 아이스크림

13 다음과 같이 성냥의 머리 부분과 나무 부분을 철판의 가운데로부터 같은 거리에 올려놓고 철판 가운데 부분을 가열하였을 때의 결과로 옳은 것은 어느 것입니까?

( )

① 성냥의 머리 부분에 먼저 불이 붙는다.
② 성냥의 나무 부분에 먼저 불이 붙는다.
③ 성냥의 머리 부분에는 불이 붙지 않는다.
④ 성냥의 머리 부분과 나무 부분에 동시에 불이 붙는다.
⑤ 성냥의 나무 부분이 머리 부분보다 더 낮은 온도에서 불이 붙는다.

천재교육, 천재교과서, 금성, 김영사, 동아, 비상, 지학사

14 다음 보기 에서 불을 직접 붙이지 않고 물질을 태우는 방법이 **아닌** 것을 골라 기호를 쓰시오.

> **보기**
> ㉠ 점화기로 불을 붙여 태우기
> ㉡ 부싯돌에 철을 마찰하여 태우기
> ㉢ 볼록 렌즈로 햇빛을 모아 태우기

( )

9종 공통

15 다음 중 연소에 대한 설명으로 옳은 것을 두 가지 고르시오. (,)

① 물질이 산소와 만나 빛과 열을 내는 현상이다.
② 연소가 일어나려면 탈 물질과 산소만 있으면 된다.
③ 산소가 없어도 물질의 온도를 높이면 연소가 일어난다.
④ 연소가 일어나려면 탈 물질에 불을 직접 붙여야 한다.
⑤ 연소가 일어나려면 탈 물질, 산소, 발화점 이상의 온도가 필요하다.

9종 공통

16 다음과 같이 초와 알코올이 탈 때 공통적으로 나타나는 현상을 두 가지 쓰시오.

▲ 초

▲ 알코올

답 물질이 빛과 **❶** ⬜⬜⬜ 을/를 내면서 타고, 시간이 지날수록 물질의

양이 **❷** ⬜⬜⬜ .

천재교과서, 지학사

17 다음은 초가 타기 전과 타고 난 후 아크릴 통 안에 들어 있는 공기 중의 산소 비율을 측정한 기체 검지관의 모습입니다.

초가 타기 전 아크릴 통 안의 산소 비율(%)	초가 타고 난 후 아크릴 통 안의 산소 비율(%)
약 21	약 17

(1) 초가 타고 난 후 아크릴 통 안에 들어 있는 산소 비율은 초가 타기 전에 비해 어떻게 변하였는지 쓰시오.

(   )

(2) 위 (1)번 답과 같은 결과가 나타나는 까닭을 쓰시오.

_____

_____

천재교육, 천재교과서, 금성, 김영사, 동아, 비상, 아이스크림, 지학사

18 오른쪽과 같이 불을 직접 붙이지 않고도 성냥갑에 성냥 머리를 마찰하여 불을 켤 수 있는 까닭을 연소의 조건과 관련지어 쓰시오.

성냥갑 →

_____

_____

서술형 가이드
어려워하는 서술형 문제!
서술형 가이드를 이용하여 풀어 봐!

16 물질이 탈 때에는 ⬜ 이 나기 때문에 주변이 밝아지고, ⬜ 이 나기 때문에 따뜻해집니다.

17 (1) 초가 타기 전 아크릴 통 안의 산소 비율이 초가 타고 난 후 아크릴 통 안의 산소 비율보다 (높습 / 낮습)니다.

(2) 물질이 타기 위해서는 공기 중의 ⬜⬜ 가 필요합니다.

18 연소가 일어나려면 탈 물질, 산소, ⬜⬜⬜ 이상의 온도가 필요합니다.

학습 주제 물질이 탈 때 필요한 것 알아보기

학습 목표 연소의 조건을 설명할 수 있다.

천재교육, 천재교과서, 동아, 지학사

19 다음과 같이 초 세 개에 불을 붙이고 ㉡과 ㉢의 촛불만 크기가 다른 아크릴 통으로 동시에 덮었습니다.

(1) 위 실험에서 촛불이 먼저 꺼지는 것부터 순서대로 기호를 쓰시오.

( ) → ( ) → ( )

(2) 위 ㉡과 ㉢에서 아크릴 통 안에 들어 있는 공기(산소)의 양을 >, =, <를 이용하여 비교하시오.

┌─────────────────────┐   ┌─────────────────────┐
│ ㉡ 아크릴 통 안에 들어 있는 │   ◯   │ ㉢ 아크릴 통 안에 들어 있는 │
│   공기(산소)의 양   │   │   공기(산소)의 양   │
└─────────────────────┘   └─────────────────────┘

천재교과서, 지학사

20 오른쪽과 같이 성냥 머리 부분과 향을 구리판의 원 위에 올려놓고 알코올램프로 구리판의 가운데 부분을 가열하였습니다.

성냥 머리 부분   향

(1) 성냥 머리 부분과 향 중 불이 먼저 붙는 것은 어느 것인지 쓰시오.

( )

(2) 위 (1)번 답과 같은 결과가 나타나는 까닭을 연소의 조건과 관련지어 쓰시오.

_____

_____

수행평가 가이드
다양한 유형의 수행평가!
수행평가 가이드를 이용해 풀어 봐!

초가 탈 때 필요한 기체 알아보기
초가 타기 전과 타고 난 후의 산소 비율을 비교해 보면 초가 타기 전보다 타고 난 후의 산소 비율이 줄어듭니다. ➡ 초가 탈 때 산소가 필요하기 때문입니다.

3
단원
진도 완료
체크

물질이 산소와 만나 빛과 열을 내는 현상을 연소라고 하고, 연소가 일어나려면 연소의 조건이 모두 있어야 해.

발화점
• 어떤 물질이 불에 직접 닿지 않아도 스스로 타기 시작하는 온도를 그 물질의 발화점이라고 합니다.
• 발화점은 물질의 종류에 따라 다르며, 물질이 타려면 온도가 발화점 이상이 되어야 합니다.

연소 후 생성되는 물질 / 소화 방법 / 화재 안전 대책

6

개념 ① 물질이 연소한 후 생기는 것

1. 초가 연소한 후 생성되는 물질 확인하기

> 용어 염화 코발트 용액을 종이에 흡수시켜 말려 놓은 것

① 초가 연소한 후 푸른색 염화 코발트 종이의 색깔 변화 알아보기

실험 방법과 결과	① 큰 아크릴 통의 안쪽 벽면에 셀로판테이프로 푸른색 염화 코발트 종이를 붙이기 ② 초에 불을 붙이고 ①의 아크릴 통으로 촛불을 덮기 ③ 촛불이 꺼지면 푸른색 염화 코발트 종이의 색깔 변화 관찰해 보기 ➡ 푸른색 염화 코발트 종이가 붉은색으로 변함.
알게 된 점	초가 연소한 후에 물이 생성되었다.

② 초가 연소한 후 석회수의 변화 알아보기 → 석회수는 이산화 탄소와 만나면 뿌옇게 흐려집니다.

실험 방법과 결과	① 초에 불을 붙이고 작은 아크릴 통으로 촛불 덮기 ② 촛불이 꺼지면 아크릴 통을 들어 올려 아크릴판으로 입구를 막기 ③ 아크릴 통에 석회수를 붓고 아크릴판으로 입구를 다시 덮은 후 살짝 흔들면서 변화 관찰해 보기 ➡ 석회수가 뿌옇게 흐려짐.
알게 된 점	초가 연소한 후에 이산화 탄소가 생성되었다.

2. 물질이 연소한 후 생성되는 물질

① 물질이 연소하면 물과 이산화 탄소 등이 생성됩니다. ➡ 연소 전의 물질은 연소 후에 다른 물질로 변합니다.

② 초가 연소한 후 생성되는 물질: 물, 이산화 탄소 → 알코올이 연소한 후에도 물과 이산화 탄소가 생성됩니다.

③ 물질이 연소한 후 무게가 줄어드는 까닭: 연소 후 생성된 물질이 공기 중으로 날아갔기 때문입니다.

☑ 푸른색 염화 코발트 종이의 색깔 변화

푸른색 염화 코발트 종이는 물에 닿으면 **①** ㅂ ㅇ 색으로 변합니다.

앗, 색깔이 변했어.

정답 **①** 붉은

내 교과서 살펴보기 / 천재교육

초가 연소할 때 집기병 안쪽 벽면의 변화

벽면이 뿌옇게 흐려지면서 작은 액체 방울이 맺힙니다.

개념 ② 불을 끄는 방법

1. 다양한 방법으로 촛불 꺼 보기

① 촛불이 꺼지는 까닭을 연소의 조건과 관련지어 보기 → 탈 물질, 산소, 발화점 이상의 온도

촛불을 끄는 방법	촛불이 꺼지는 까닭
촛불을 입으로 불기	탈 물질을 없앰.
촛불을 컵으로 덮기	산소 공급을 막음.
촛불에 분무기로 물 뿌리기	발화점 미만으로 온도를 낮춤.
촛불에 휴대용 선풍기 바람을 쏘이기	탈 물질을 없앰.
촛불을 물수건으로 덮기	산소 공급을 막고 발화점 미만으로 온도를 낮춤.
초의 심지를 핀셋으로 집기	탈 물질을 없앰.
촛불에 모래 뿌리기	산소 공급을 막음.

② 소화: 연소가 일어날 때 한 가지 이상의 연소 조건을 없애 불을 끄는 것 ┐
촛불을 물수건으로 덮어 끌 때와 같이 불을 끌 때 연소의 ◄┘
조건 중 두 가지 이상을 한꺼번에 없애는 경우도 있습니다.

2. 일상생활에서 불을 끄는 방법

탈 물질 없애기

⬆ 연료 조절 밸브 잠그기

⬆ 핀셋으로 향초의 심지 집기

산소 공급 막기

⬆ 알코올램프의 뚜껑 덮기

⬆ 소화제 뿌리기

발화점 미만으로 온도 낮추기

⬆ 소화전을 이용하여 물 뿌리기

⬆ 살수기로 물 뿌리기
↳ 용어 물을 흩어서 뿌리는 기구

☑ 소화 방법

연소가 일어날 때 연소의 조건 중 ❶ [ㅎ] 가지 이상을 없애면 소화가 일어납니다.

탈 물질 제거

연소의 조건 중 한 가지라도 없으면 불이 꺼져.

발화점 미만의 온도   산소

정답 ❷ 한

3 단원

내 교과서 살펴보기 / 천재교과서

향불에 부채질을 약하게 할 때와 세게 할 때의 차이점
• 부채질을 약하게 할 때: 산소가 공급되어 향불이 잘 탑니다.
• 부채질을 세게 할 때: 탈 물질이 제거되어 향불이 꺼집니다.

개념 ③ 화재가 발생했을 때 대처 방법

1. 다양한 연소 물질에 따른 소화 방법

연소 물질	소화 방법
나무, 종이, 섬유	물이나 소화기로 불을 끌 수 있음.
기름, 가스, 전기	• 소화기를 사용하거나 마른 모래로 덮어 불을 끌 수 있음. • 물을 사용하면 불이 더 크게 번지거나 감전이 될 수 있어 위험함.

용어 전기가 통하고 있는 도체에 신체의 일부가 닿아서 순간적으로 충격을 받는 것

2. 소화기의 종류와 사용 방법 → 소화기를 살펴보면 불을 끌 수 있는 화재의 종류가 표시되어 있습니다.

① 소화기의 종류: 소화기는 용도와 약품 재료 등에 따라 종류가 다양합니다. ㉐ 분무식 소화기, 투척용 소화기, 분말 소화기, 이산화 탄소 소화기

△ 분무식 소화기

△ 투척용 소화기
→ 화재가 난 곳에 던져 줍니다.

② 소화기의 사용 방법

△ "불이야"를 외치고, 불이 난 곳으로 소화기 옮기기

△ 손잡이 부분의 안전핀을 뽑기

△ 바람을 등지고 선 후 호스의 끝부분을 잡고 불이 난 방향을 향해 손잡이를 힘껏 움켜쥐기

△ 빗자루로 마당을 쓸듯이 앞에서부터 골고루 뿌리기

분말 소화기는 거의 모든 화재에 사용할 수 있어.

3. 화재 안전 대책 → 화재를 예방하기 위한 노력: 소화기 갖추어 두기, 비상구의 통로 막지 않기, 불에 잘 타지 않는 커튼이나 벽지 등을 사용하기 등

① 불을 발견하면 "불이야!"라고 큰 소리로 외치거나 비상벨을 누릅니다.

② 방문이나 손잡이를 살짝 만져 보아 뜨거우면 문을 열지 않습니다.

③ 젖은 수건으로 코와 입을 막고 몸을 낮춰 대피하고 119에 신고합니다.

④ 아래층으로 대피할 때에는 승강기를 이용하지 말고 계단을 이용합니다.

⑤ 아래층으로 대피할 수 없을 때에는 옥상으로 대피합니다.

⑥ 밖으로 대피하기 어려울 때에는 연기가 방 안에 들어오지 못하도록 물을 적신 옷이나 이불로 문틈을 막아야 합니다.

☑ 연소 물질에 따른 소화 방법

화재가 발생하면 연소 물질에 따라 알맞은 방법으로 불을 꺼야 하며, ❸(나무 / 기름)에 의한 화재는 물로 불을 끌 수 있습니다.

출동! 물로 끌 수 없는 불이라면 나에게 맡겨.

분말 소화기는 거의 모든 화재에 사용할 수 있어.

☑ 화재 발생 시 대처 방법

화재가 발생했을 때는 젖은 수건으로 코와 ❹☐☐을 막고 몸을 낮춰 대피하고, 119에 신고합니다.

승강기 말고 계단을 이용해 대피해야 해.

정답 ❸ 나무 ❹ 입

개념 다지기

9종 공통

1 다음 중 푸른색 염화 코발트 종이가 물에 닿았을 때 나타나는 변화로 옳은 것은 어느 것입니까? (   )

① 흰색으로 변한다.
② 노란색으로 변한다.
③ 검은색으로 변한다.
④ 붉은색으로 변한다.
⑤ 푸른색 그대로이다.

9종 공통

2 다음 실험 결과를 통해 알 수 있는 초가 연소한 후 생성되는 물질에 맞게 줄로 바르게 이으시오.

(1)

푸른색 염화 코발트 종이
셀로판 테이프

△ 푸른색 염화 코발트 종이가 붉게 변함.

· ㉠ 이산화 탄소

(2)

석회수

△ 석회수가 뿌옇게 흐려짐.

· ㉡ 물

천재교육, 천재교과서, 미래엔, 지학사

3 다음 보기 에서 알코올이 연소한 후 생성되는 물질을 두 가지 골라 기호를 쓰시오.

보기
㉠ 물   ㉡ 산소
㉢ 질소   ㉣ 이산화 탄소

(,   )

9종 공통

4 다음과 같이 촛불을 입으로 불었을 때 촛불이 꺼지는 까닭으로 옳은 것은 어느 것입니까? (   )

① 산소가 공급되기 때문이다.
② 탈 물질이 없어지기 때문이다.
③ 산소가 공급되지 않기 때문이다.
④ 온도가 발화점 이상으로 높아지기 때문이다.
⑤ 온도가 발화점 미만으로 낮아지기 때문이다.

9종 공통

5 일상생활에서 불을 끄는 방법으로 옳은 것을 다음 보기 에서 세 가지 골라 기호를 쓰시오.

보기
㉠ 산소 공급하기
㉡ 산소 공급 막기
㉢ 탈 물질 없애기
㉣ 탈 물질 공급하기
㉤ 발화점 이상으로 온도 높이기
㉥ 발화점 미만으로 온도 낮추기

(,   ,   )

천재교육, 천재교과서, 금성, 미래엔, 지학사

6 다음은 분말 소화기의 사용 방법 중 일부입니다. (   ) 안의 알맞은 말에 ○표를 하시오.

바람을 (마주 보고 / 등지고) 선 후 소화기 호스의 끝부분을 잡고 불이 난 방향을 향해 손잡이를 힘껏 움켜쥡니다.

Step 1 단원평가

9종 공통

[1~5] 다음은 개념 확인 문제입니다. 물음에 답하시오.

1 푸른색 염화 코발트 종이는 물에 닿으면 (뿌옇게 / 붉게) 변합니다.

2 초가 연소한 후 생성되는 물질 두 가지는 무엇입니까?
(,)

3 촛불을 컵으로 덮으면 (산소 / 이산화 탄소)가 공급되지 않기 때문에 촛불이 꺼집니다.

4 연소가 일어날 때 한 가지 이상의 연소 조건을 없애 불을 끄는 것을 무엇이라고 합니까?
( )

5 화재가 발생하였을 때 화재 신고를 하는 전화번호는 몇 번입니까? ( )

9종 공통

6 다음은 푸른색 염화 코발트 종이의 성질에 대한 설명입니다. ☐ 안에 들어갈 알맞은 말을 쓰시오.

푸른색 염화 코발트 종이

푸른색 염화 코발트 종이는 염화 코발트 용액을 종이에 흡수시켜 말려 놓은 것으로, ☐에 닿으면 붉은색으로 변합니다.

( )

[7~8] 오른쪽은 안쪽 벽면에 푸른색 염화 코발트 종이를 붙인 아크릴 통으로 촛불을 덮은 모습입니다. 물음에 답하시오.

푸른색 염화 코발트 종이
셀로판 테이프

9종 공통

7 위 실험에서 촛불이 꺼진 후 푸른색 염화 코발트 종이를 관찰한 모습으로 옳은 것의 기호를 쓰시오.

ㄱ
△ 붉은색으로 변함.

ㄴ
△ 색깔이 변하지 않음.

( )

9종 공통

8 위 7번 답과 같은 결과가 나타나는 까닭으로 옳은 것은 어느 것입니까? ( )
① 초가 연소할 때 물이 필요하기 때문이다.
② 초가 연소한 후 물이 생성되었기 때문이다.
③ 초가 연소할 때 산소가 필요하기 때문이다.
④ 초가 연소한 후 산소가 생성되었기 때문이다.
⑤ 초가 연소한 후 이산화 탄소가 생성되었기 때문이다.

9종 공통

9 다음 실험을 통해 확인할 수 있는 초가 연소한 후 생성되는 물질은 무엇인지 쓰시오.

초에 불을 붙이고 아크릴 통으로 덮은 후, 촛불이 꺼지고 나서 아크릴 통에 석회수를 붓고 살짝 흔들었더니 석회수가 뿌옇게 흐려졌습니다.

석회수

( )

9종 공통

10 촛불을 끄는 방법과 촛불이 꺼지는 까닭에 맞게 줄로 바르게 이으시오.

(1)
△ 촛불에 물 뿌리기

• ·㉠ 탈 물질 없애기

(2)
△ 촛불을 컵으로 덮기

• ·㉡ 산소 공급 막기

(3)
△ 촛불을 입으로 불기

• ·㉢ 발화점 미만으로 온도 낮추기

9종 공통

11 오른쪽은 향초의 심지를 핀셋으로 집어 불을 끄는 모습입니다. 이와 같은 방법으로 불을 끄는 경우는 어느 것입니까? (   )

①
△ 가스레인지의 연료 조절 밸브 잠그기

②
△ 알코올램프의 뚜껑 덮기

③
△ 소화전으로 물 뿌리기

④
△ 살수기로 물 뿌리기

9종 공통

12 다음 중 화재가 발생했을 때 물로 불을 끌 수 있는 연소 물질을 두 가지 고르시오. (,   )

① 종이
② 기름
③ 가스
④ 나무
⑤ 전기 기구

천재교육, 천재교과서, 금성, 미래엔, 지학사

13 다음은 소화기 사용 방법을 순서에 관계없이 나타낸 것입니다. 순서에 맞게 기호를 쓰시오.

㉠
△ "불이야"를 외치고, 불이 난 곳으로 소화기 옮기기

㉡
△ 호스의 끝부분을 잡고 불이 난 방향을 향해 손잡이 움켜쥐기

㉢
△ 손잡이 부분의 안전핀 뽑기

㉣
△ 빗자루로 마당을 쓸듯이 앞에서부터 골고루 뿌리기

(   ) → (   ) → (   ) → (   )

9종 공통

14 다음 중 화재가 발생했을 때의 대처 방법으로 옳지 않은 것은 어느 것입니까? (   )

① 119에 신고한다.
② 화재 경보 비상벨을 누른다.
③ 아래로 대피할 수 없을 때에는 옥상으로 대피한다.
④ 젖은 수건으로 코와 입을 막고 몸을 낮춰 대피한다.
⑤ 밖으로 대피할 때 승강기를 이용해 빠르게 이동한다.

15 오른쪽과 같이 안쪽 벽면에 푸른색 염화 코발트 종이를 붙인 아크릴 통으로 촛불을 덮었습니다. 촛불이 꺼졌을 때 염화 코발트 종이의 색깔 변화를 색깔 변화가 나타나는 까닭과 함께 쓰시오.

9종 공통

푸른색 염화 코발트 종이

셀로판 테이프

답 초가 연소한 후에는 ❶ [   ]이/가 생성되기 때문에 푸른색 염화

코발트 종이가 ❷ [   ](으)로 변한다.

서술형 가이드
어려워하는 서술형 문제!
서술형 가이드를 이용하여 풀어 봐!

15 초가 [ ][ ]한 후에는 물과

이산화 탄소가 생깁니다.

16 오른쪽은 타고 있는 초의 심지를 핀셋으로 집으려는 모습입니다.

9종 공통

(1) 위와 같이 초의 심지를 핀셋으로 집었을 때 촛불은 어떻게 되는지 쓰시오.

(   )

(2) 위 (1)번 답과 같은 결과가 나타나는 까닭을 쓰시오.

_____

_____

16 (1) 초가 탈 때 초의 심지를 핀셋
으로 집으면 (탈 물질 ,
산소)이/가 이동하지 못합
니다.

(2) 불을 끄는 방법에는 산소

공급 막기, [ ][ ][ ]

없애기, 발화점 미만으로
온도 낮추기가 있습니다.

17 오른쪽과 같이 전기 기구에서 화재가 발생했을 때의 소화 방법을 쓰시오.

9종 공통

_____

_____

17 기름, 가스, 전기에 의한 화재

[ ]을/를 사용하면 불이

크게 번지거나 감전이 될 수

있어 위험합니다.

학습 주제 불을 끄는 방법

학습 목표 연소의 조건과 관련지어 여러 가지 소화 방법을 설명할 수 있다.

촛불을 끄는 방법 예

• 촛불에 모래 뿌리기
• 촛불을 물수건으로 덮기
• 초의 심지를 핀셋으로 집기
• 초의 심지를 촛농에 담그기
• 촛불에 휴대용 선풍기 바람을 쏘이기

[18~20] 다음은 여러 가지 방법으로 촛불을 끄는 모습입니다.

ㄱ
ㄴ
ㄷ

⌃ 촛불을 입으로 불기   ⌃ 촛불을 컵으로 덮기   ⌃ 촛불에 물 뿌리기

9종 공통

18 위 ㄱ~ㄷ 중 산소 공급을 막아 촛불을 끄는 경우를 골라 기호를 쓰시오.

(   )

9종 공통

19 다음은 일상생활에서 여러 가지 방법으로 불을 끄는 모습입니다. 위 ㄱ~ㄷ 중 아래와 같은 방법으로 불을 끄는 경우를 골라 각각 기호를 쓰시오.

(1)
(2)
(3)

⌃ 가스레인지의 연료 조절 밸브 잠그기   ⌃ 소화전을 이용해 물 뿌리기   ⌃ 알코올램프의 뚜껑 덮기

(   ) (   ) (   )

산소가 없으면 탈 물질이 있더라도 타지 않아.

9종 공통

20 위 ㄱ~ㄷ을 바탕으로 연소의 조건 세 가지와 관련지어 소화의 정의를 쓰시오.

_____

_____

소화 방법

연소가 일어날 때 한 가지 이상의 연소 조건을 없애면 불을 끌 수 있습니다.

3 단원
진도 완료 체크

Q 배점 표시가 없는 문제는 문제당 4점입니다.

[1~3] 다음은 초와 알코올이 타는 모습입니다. 물음에 답하시오.

▲ 초

▲ 알코올

9종 공통

1 위와 같이 초가 탈 때 나타나는 현상을 관찰한 결과를 정리한 것입니다. ㉠~㉣ 중 옳지 <u>않은</u> 내용을 골라 기호를 쓰시오.

불꽃이 타는 모습	㉠ 불꽃의 모양은 위아래로 길쭉한 모양임.
	㉡ 불꽃의 색깔은 노란색, 붉은색 등 다양함.
불꽃의 밝기	㉢ 불꽃의 윗부분은 어둡고, 아랫부분은 밝음.
손을 가까이 했을 때의 느낌	㉣ 손이 따뜻해짐.

(   )

9종 공통

2 위와 같이 알코올이 탈 때 알코올 양의 변화를 관찰한 결과로 옳은 것을 보기 에서 골라 기호를 쓰시오.

보기
㉠ 시간이 지날수록 알코올의 양이 늘어납니다.
㉡ 시간이 지날수록 알코올의 양이 줄어듭니다.
㉢ 시간이 지나도 알코올의 양은 변하지 않습니다.

(   )

9종 공통

3 다음 중 앞의 초와 알코올이 탈 때의 공통점을 두 가지 고르시오. (,   )
① 촛농이 생긴다.   ② 빛이 발생한다.
③ 열이 발생한다.   ④ 불꽃의 색깔이 같다.
⑤ 불꽃이 흔들리지 않는다.

9종 공통

4 다음 중 물질이 탈 때 나타나는 현상을 이용하는 예가 아닌 것은 어느 것입니까? (   )
① 가스레인지의 불꽃을 이용해 음식을 익힌다.
② 생일 케이크에 촛불을 켜면 주변이 밝아진다.
③ 추울 때 벽난로에 장작불을 지펴 따뜻하게 한다.
④ 어두운 밤에 방 안을 밝히기 위해 형광등을 켠다.
⑤ 어두운 밤에 강물 위에 유등을 띄우면 주변이 밝아진다.

📦 서술형·논술형 문제   천재교육, 천재교과서, 동아, 지학사

5 다음과 같이 초 두 개에 불을 붙이고 크기가 다른 아크릴 통으로 촛불을 동시에 덮었습니다. [총 12점]

㉠   ㉡

(1) 위 실험에서 초가 더 오래 타는 것의 기호를 쓰시오. [4점]

(   )

(2) 위 (1)번 답과 같은 결과가 나타나는 까닭을 쓰시오. [8점]

_____

_____

6 다음은 초가 타기 전과 타고 난 후 아크릴 통 안에 들어 있는 공기 중의 산소 비율을 측정한 기체 검지관의 모습입니다. 초가 타고 난 후 공기 중의 산소 비율에 해당하는 것을 골라 기호를 쓰시오.

ㄱ

약 21 %

ㄴ

약 17 %

(   )

9종 공통

7 다음 ☐ 안에 공통으로 들어갈 알맞은 기체를 쓰시오.

- 물질이 타려면 탈 물질과 ☐이/가 필요합니다.
- 탈 물질이 없으면 ☐이/가 아무리 많아도 타지 않고, ☐이/가 없으면 탈 물질이 있더라도 타지 않습니다.

(   )

천재교과서, 지학사

천재교육, 비상

8 오른쪽과 같이 성냥 머리 부분을 핫플레이트 위의 철판에 올려놓고 가열하였을 때의 결과에 대한 설명입니다. ☐ 안에 들어갈 알맞은 말을 쓰시오.

성냥 머리 부분

성냥 머리 부분에 직접 불을 붙이지 않았지만 성냥 머리 부분의 온도가 ☐ 이상으로 높아지기 때문에 불이 붙습니다.

(   )

서술형·논술형 문제

천재교과서, 지학사

9 다음과 같이 성냥 머리 부분과 향을 구리판의 원 위에 올려놓고 알코올램프로 구리판의 가운데 부분을 가열해 보았습니다. [총 12점]

성냥 머리 부분   향

(1) 위 실험에서 성냥 머리 부분과 향 중 불이 먼저 붙는 것부터 순서대로 쓰시오. [4점]

(   ) → (   )

(2) 위 (1)번 답과 같은 결과가 나타나는 까닭을 쓰시오. [8점]

_____

_____

천재교육, 천재교과서, 금성, 김영사, 동아, 비상, 지학사

10 다음 중 불을 직접 붙이지 않고 물질을 태우는 방법이 아닌 것은 어느 것입니까? (   )

①
볼록 렌즈
🔥 볼록 렌즈로 햇빛 모으기

②
성냥갑
🔥 성냥갑에 성냥 머리 마찰하기

③
🔥 점화기로 불 붙이기

④
부싯돌
🔥 부싯돌에 철 마찰하기

3 단원

9종 공통

11 다음 ☐ 안에 들어갈 알맞은 말을 보기 에서 골라 각각 쓰시오.

보기
연소, 산소, 소화, 발화점, 탈 물질

(1) 물질이 ☐ 와/과 만나 빛과 열을 내는

현상을 ☐ (이)라고 합니다.

(2) 연소가 일어나려면 ☐ , 산소,

발화점 이상의 온도가 필요합니다.

(3) 어떤 물질이 불에 직접 닿지 않아도 스스로 타기

시작하는 온도를 ☐ (이)라고

합니다.

(4) 연소가 일어날 때 한 가지 이상의 연소 조건을

없애 불을 끄는 것을 ☐ (이)라고

합니다.

[12~13] 다음은 초가 연소한 후 생성되는 물질을 확인하는 실험입니다. 물음에 답하시오.

❶ 큰 아크릴 통의 안쪽
벽면에 셀로판테이프
로 푸른색 염화 코발트
종이 붙이기
❷ 초에 불을 붙이고 ❶의
아크릴 통으로 촛불 덮기
❸ 촛불이 꺼지면 푸른색
염화 코발트 종이의 색깔 변화를 관찰하기

푸른색
염화 코발트
종이
셀로판
테이프

9종 공통

12 다음 중 위 실험 결과 푸른색 염화 코발트 종이의 색깔 변화로 옳은 것은 어느 것입니까? ( )

① 흰색으로 변한다.
② 노란색으로 변한다.
③ 검은색으로 변한다.
④ 붉은색으로 변한다.
⑤ 색깔이 변하지 않는다.

9종 공통

13 다음 중 앞의 실험을 통해 알 수 있는 점으로 옳은 것은 어느 것입니까? ( )

① 초가 연소할 때에는 물이 필요하다.
② 초가 연소한 후에는 물이 생성된다.
③ 초가 연소한 후에는 산소가 생성된다.
④ 초가 연소한 후에는 이산화 탄소가 생성된다.
⑤ 초가 연소한 후에는 아무것도 생성되지 않는다.

[14~15] 초에 불을 붙이고 아크릴 통으로 촛불을 덮은 후, 촛불이 꺼지고 나서 다음과 같이 아크릴 통에 석회수를 붓고 살짝 흔들면서 변화를 관찰하였습니다. 물음에 답하시오.

아크릴판 → 석회수

9종 공통

14 다음 중 위 실험 결과로 옳은 것은 어느 것입니까?

( )

① 석회수가 뿌옇게 흐려진다.
② 석회수가 푸른색으로 변한다.
③ 석회수가 붉은색으로 변한다.
④ 석회수가 노란색으로 변한다.
⑤ 석회수는 아무런 변화가 없다.

9종 공통

15 다음은 위 14번 답과 같은 결과가 나타난 까닭입니다. ☐ 안에 들어갈 알맞은 말을 쓰시오.

초가 연소한 후에 ☐ 이/가 생성되었기 때문입니다.

( )

16 다음과 같이 촛불에 분무기로 물을 뿌리면 촛불이 꺼지는 까닭을 연소의 조건과 관련지어 쓰시오. [8점]

_____

_____

17 다음은 여러 가지 방법으로 불을 끄는 모습입니다. 소화 방법에 해당하는 것을 골라 각각 기호를 쓰시오.

△ 향초의 심지를 핀셋으로 집기

△ 알코올램프의 뚜껑 덮기

△ 소화전을 이용해 물 뿌리기

△ 소화제 뿌리기

△ 연료 조절 밸브 잠그기

△ 살수기로 물 뿌리기

(1) 탈 물질 없애기: (,   )

(2) 산소 공급 막기: (,   )

(3) 발화점 미만으로 온도 낮추기:
(,   )

18 다음 중 전기 기구에 의한 화재가 발생했을 때 불을 끄는 방법에 대해 **잘못** 말한 친구의 이름을 쓰시오.

> 지원: 물로 불을 끌 수 있어.
> 준재: 소화기를 사용해 불을 꺼야 해.
> 서연: 마른 모래로 덮어 불을 끌 수 있어.

(   )

19 오른쪽은 분말 소화기의 구조를 나타낸 것입니다. ㉠~㉢ 중 안전핀을 골라 기호를 쓰시오.

진도 완료 체크

(   )

20 다음 중 화재가 발생했을 때 대처 방법으로 옳지 <u>않은</u> 것은 어느 것입니까? (   )

①
△ 큰 소리로 "불이야!"라고 외침.

②
△ 젖은 수건으로 코와 입을 막음.

③
△ 연기가 방 안에 들어오도록 문틈이 막히지 않게 함.

④
△ 아래로 대피하기 어려울 때에는 옥상으로 대피함.

연관 학습 안내

이 단원의 학습	중학교
우리 몸의 구조와 기능 우리 몸속의 여러 기관과 기관이 서로 주고받는 영향에 대해 배워요.	자극과 반응 감각 기관으로 받아들인 자극과 신경계를 통한 반응에 대해 배울 거예요.

우리 몸의 구조와 기능

이어서

개념 웹툰

개념 ① 우리 몸의 운동 기관 → 우리가 살아가는 데 필요한 일을 하는 몸속 부분

1. 운동 기관: 몸을 움직이는 뼈와 근육 등

2. 운동 기관의 생김새

머리뼈	위쪽은 둥글고, 아래쪽은 각이 져 있음. → 바가지 모양입니다.
목뼈	모양이 비슷한 여러 개의 조각으로 이루어져 있음.
팔뼈	길이가 길고, 아래쪽 뼈는 긴뼈 두 개로 이루어져 있음.
갈비뼈	휘어 있고, 여러 개가 있으며 좌우로 둥글게 연결되어 안쪽에 공간을 만듦.
척추뼈	짧은뼈 여러 개가 세로로 이어져 기둥을 이룸.
다리뼈	팔뼈보다 길고 굵으며, 아래쪽 뼈는 긴뼈 두 개로 이루어져 있음.
근육	뼈에 연결되어 있음.

관절: 뼈와 뼈가 연결되는 부위

3. 뼈와 근육 모형 만들기

내 교과서 살펴보기 / 천재교과서, 동아, 미래엔, 비상, 아이스크림

| 실험 방법 | ❶ 오른쪽과 같이 모형을 만들기
 ❷ 주름 빨대로 비닐봉지에 공기를 불어 넣어 손 그림의 움직임과 비닐봉지의 길이 변화 알아보기 | 손 그림 / 비닐봉지 / 주름 빨대 / 뼈 모형 |
| 실험 결과 | 18 cm
 ⬆ 공기를 불어 넣기 전 | 비닐봉지가 부풀어 오릅니다. 14 cm
 ⬆ 공기를 불어 넣은 후 |

➡ 공기를 불어 넣으면 비닐봉지의 길이가 줄어들고, 손 그림이 위로 올라옴.

| 알게 된 점 | 팔을 구부리고 펴는 원리
 • 팔 안쪽 근육의 길이가 줄어들면 아래팔뼈가 올라와 팔이 구부러진다.
 • 팔 안쪽 근육의 길이가 늘어나면 아래팔뼈가 내려가 팔이 펴진다. |

🍭 4. 뼈와 근육이 하는 일

뼈	• 우리 몸의 형태를 만들고 몸을 지탱함. • 심장, 폐, 뇌 등 몸속 기관을 보호함.
근육	뼈에 연결되어 길이가 줄어들거나 늘어나면서 뼈를 움직이게 함.

☑ 운동 기관

우리 몸의 뼈와 ❶ㄱㅇ을 운동 기관이라고 합니다.

내 근육 어때?

백열하나 백열둘

정답 ❶ 근

뼈 모형은 우리 몸의 뼈를, 비닐봉지는 우리 몸의 근육을 나타내지.

내 교과서 살펴보기 / 천재교과서, 금성, 김영사

팔을 폈을 때와 구부렸을 때의 뼈와 근육의 움직임

팔 안쪽 근육 / 아래팔뼈

• 팔을 폈을 때: 팔 안쪽 근육이 펴지고, 아래팔뼈는 내려감.
• 팔을 구부렸을 때: 팔 안쪽 근육이 오므라들고, 아래팔뼈는 올라옴.

개념 다지기

9종 공통

1 다음은 우리 몸에 대한 설명입니다. ☐ 안에 공통으로 들어갈 알맞은 말을 쓰시오.

> • 우리가 살아가는 데 필요한 일을 하는 몸속 부분을 ☐☐☐(이)라고 합니다.
> • 뼈와 근육은 우리 몸의 운동 ☐☐입니다.

(   )

9종 공통

2 다음 중 뼈에 대한 설명으로 옳지 <u>않은</u> 것은 어느 것입니까? (   )

① 크기와 모양이 다양하다.
② 몸을 움직이는 데 필요하다.
③ 목뼈와 팔뼈의 생김새는 다르다.
④ 갈비뼈는 휘어 있고, 좌우로 둥글게 연결되어 있다.
⑤ 머리뼈는 길이가 길고, 세로로 이어져 기둥을 이룬다.

천재교육, 금성, 김영사, 동아

3 다음의 우리 몸의 뼈를 생김새에 알맞게 줄로 바르게 이으시오.

(1) 목뼈 •
     • ㉠ 길이가 길고, 아래쪽 뼈는 긴뼈 두 개로 이루어져 있음.

(2) 팔뼈 •
     • ㉡ 모양이 비슷한 여러 개의 조각으로 이루어져 있음.

[4~6] 다음은 뼈 모형, 비닐봉지, 주름 빨대 등을 사용하여 만든 뼈와 근육 모형입니다. 물음에 답하시오.

천재교과서, 동아, 미래엔, 비상, 아이스크림

4 다음 중 위 모형의 ㉠이 나타내는 것은 우리 몸의 어느 부분입니까? (   )

① 뼈   ② 관절   ③ 근육
④ 지방   ⑤ 아래팔뼈

천재교과서, 동아, 미래엔, 비상, 아이스크림

5 다음 중 위 모형의 주름 빨대로 공기를 불어 넣기 전과 후의 비닐봉지의 길이에 대해 바르게 설명한 친구의 이름을 쓰시오.

> 선영: 비닐봉지의 길이는 공기를 불어 넣기 전이 공기를 불어 넣은 후보다 길어.
> 서진: 비닐봉지의 길이는 공기를 불어 넣은 후가 공기를 불어 넣기 전보다 길어.
> 민아: 비닐봉지의 길이는 공기를 불어 넣기 전과 후가 같아.

(   )

천재교과서, 동아, 미래엔, 비상, 아이스크림

6 다음은 위 모형에 공기를 불어 넣는 실험을 통해 알게 된 팔을 구부리는 원리입니다. (   ) 안의 알맞은 말에 ○표를 하시오.

> 팔 안쪽 (뼈 / 근육)의 길이가 줄어들면 아래 팔뼈가 올라와 팔이 구부러집니다.

4 단원

개념① 우리 몸의 소화 기관

1. **소화:** 음식물의 영양소를 몸속으로 흡수할 수 있게 음식물을 잘게 쪼개고 분해하는 과정 → 우리가 생활하는 데 필요한 에너지와 영양소를 음식물에서 얻는 과정입니다.

2. **소화 기관:** 음식물의 소화와 흡수 등을 담당하는 입, 식도, 위, 작은창자, 큰창자, 항문 등

중요 3. 소화 기관의 생김새와 하는 일

입
음식물을 이로 잘게 부수고 혀로 섞으면서 침으로 물러지게 하여 삼킬 수 있도록 함.

식도
• 긴 관 모양임.
• 음식물이 위로 이동하는 통로로 입과 위를 연결함.

간, 쓸개, 이자는 음식물이 지나 → **간** **쓸개** **이자**
가지 않습니다.

큰창자
• 굵은 관 모양으로 작은창자를 감싸고 있음.
• 음식물 찌꺼기의 수분을 흡수함.

위
• 작은 주머니 모양임.
• 식도, 작은창자와 연결되어 있고, 소화를 돕는 액체를 분비해 음식물과 섞은 다음 더 잘게 쪼갬.

작은창자
• 꼬불꼬불한 관 모양임.
• 소화를 돕는 액체를 분비하여 음식물을 잘게 분해하고 영양소를 흡수함.

항문
• 큰창자와 연결됨.
• 소화되지 않은 음식물 찌꺼기를 배출함.

음식물을 잘게 쪼개고 분해하여 영양소와 수분을 흡수하고, 나머지는 항문으로 배출함. 이 과정에서 간, 쓸개, 이자가 소화를 도움.
↳ 소화를 돕는 액체를 분비합니다.

4. 음식물이 이동하는 소화 기관의 순서

입 ➡ 식도 ➡ 위 ➡ 작은창자 ➡ 큰창자 ➡ 항문 ➡ 몸 밖

5. **음식물을 더 잘 소화할 수 있는 방법:** 음식물이 더 잘게 부서질 수 있도록 입에서 음식물을 꼭꼭 잘 씹어야 합니다.

☑ **소화**

음식물의 ❶(영양소 / 찌꺼기)를 몸속으로 흡수할 수 있게 음식물을 잘게 쪼개고 분해하는 과정입니다.

소화 잘 되게 꼭꼭 씹어 먹어.

정답 ❶ 영양소

내 교과서 살펴보기 / 천재교과서

우리가 하루 동안 먹은 음식물의 무게와 항문으로 배출한 대변의 무게 비교

• 음식물의 무게 > 대변의 무게
• 대변보다 음식물이 더 무거운 까닭: 우리가 먹은 음식물은 소화 기관을 거치면서 음식물의 영양소와 수분이 몸으로 많이 흡수되기 때문입니다.

개념 ② 우리 몸의 호흡 기관

1. 호흡: 숨을 들이마시고 내쉬는 활동

2. 호흡 기관: 호흡을 담당하는 코, 기관, 기관지, 폐 등

3. 호흡 기관의 생김새와 하는 일

코
• 구멍이 두 개 있고 속에 털이 나 있음.
• 공기가 드나드는 곳임.

기관
• 굵은 관 모양임.
• 공기가 이동하는 통로임.

기관지
• 나뭇가지처럼 생김.
• 기관에서 갈라져 폐까지 연결됨.
• 공기가 이동하는 통로임.
 └ 공기를 폐에 잘 전달하기 위해서 여러 갈래로 갈라져 있습니다.

폐
• 주머니 모양이며 좌우 한 쌍이 있음.
• 공기 중의 산소를 받아들이고, 몸에서 생긴 이산화 탄소를 내보냄.

> 코로 들어온 공기는 기관, 기관지를 통해 이동하며, 폐는 몸 밖에서 들어온 산소를 받아들이고 몸 안에서 생긴 이산화 탄소를 몸 밖으로 내보냄.

숨을 들이마시고 내쉴 때 몸속에서의 공기의 이동

○ 숨을 들이마실 때 공기의 이동: 코 ➡ 기관 ➡ 기관지 ➡ 폐

○ 숨을 내쉴 때 공기의 이동: 폐 ➡ 기관지 ➡ 기관 ➡ 코

내 교과서 살펴보기 / **천재교육, 금성, 아이스크림, 지학사**

숨을 들이마시고 내쉴 때 폐의 크기와 가슴둘레의 변화

△ 숨을 들이마실 때의 폐   △ 숨을 내쉴 때의 폐

• 숨을 들이마실 때: 폐의 크기와 가슴 둘레가 커집니다.
• 숨을 내쉴 때: 폐의 크기와 가슴둘레가 작아집니다.

☑ 호흡 기관

호흡을 담당하는 코, 기관, 기관지, ❷ ⎡ㅍ⎤ 를 호흡 기관이라고 합니다.

> 우리는 공기 중의 산소를 받아들이고, 몸속의 이산화 탄소를 몸 밖으로 내보내지.

> 산소는 우리가 몸을 움직이고 기관이 일을 하는 데 사용돼. 그 결과 이산화 탄소가 생기지.

☑ 몸속에서 공기의 이동

숨을 들이마실 때 ❸(코 / 폐)로 들어온 공기는 기관, 기관지를 거쳐 ❹(코 / 폐)에 도달합니다.

> 야~ 상쾌하다.

> 맑은 공기가 폐까지 잘 도달하겠지?

정답 ❷ 폐 ❸ 코 ❹ 폐

개념③ 우리 몸의 순환 기관

1. **혈액 순환:** 혈액이 소화 기관에서 흡수한 영양소와 호흡 기관에서 흡수한 산소 등을 싣고 온몸을 도는 것

2. **순환 기관:** 혈액의 이동에 관여하는 심장과 혈관 등

3. **순환 기관의 생김새**

심장
• 가슴 가운데에서 약간 왼쪽으로 치우쳐 있음.
• 둥근 주머니 모양임.
• 자신의 주먹만 한 크기임.
• 펌프 작용으로 혈액을 순환시킴.
  ↳ 심장은 오므라들었다 부풀 었다를 반복하면서 혈액을 온몸으로 보냅니다.

혈관
• 온몸에 복잡하게 퍼져 있음.
• 굵기가 굵은 것부터 매우 가는 것까지 여러 가지임.
• 혈액이 이동하는 통로임.

4. **순환 기관이 하는 일 알아보기**

실험 동영상

① **실험 방법**

내 교과서 살펴보기 / **천재교육, 천재교과서, 동아, 비상, 지학사**

1 오른쪽과 같이 장치하고 펌프를 **빠르게** 누르거나 **느리게** 누르면서 붉은 색소 물이 이동하는 모습을 관찰 하기 → 한쪽 관으로 붉은 색소 물을 빨아들이고 다른 쪽 관으로 내보냅니다.
2 주입기의 펌프와 관, 붉은 색소 물은 각각 우리 몸의 어느 부분에 해당하는지 알아보기

펌프

관

수조

붉은 색소 물

② **실험 결과**

주입기의 펌프	붉은 색소 물의 이동 빠르기	붉은 색소 물의 이동량
빠르게 누를 때	빠르게 움직임.	많아짐.
느리게 누를 때	느리게 움직임.	적어짐.

③ **주입기의 펌프와 관, 붉은 색소 물이 우리 몸에 해당하는 부분**

구분	주입기의 펌프	주입기의 관	붉은 색소 물
우리 몸	심장	혈관	혈액

④ **알게 된 점:** 심장의 펌프 작용으로 심장에서 나온 혈액이 혈관을 통해 온몸 으로 이동하여 영양소와 산소를 공급하고, 다시 심장으로 돌아오는 과정을 반복합니다.

☑ **심장**

심장은 펌프 작용으로 우리 몸의 ❺ ㅎ ㅇ 을 순환시킵니다.

펌프 작용으로 혈액을 순환시키고 있나 봐.

두근 두근

정답 ❺ 혈으

심장이 빨리 뛸 때는 혈액이 이동하는 빠르기가 빨라지고, 혈액의 이동량이 많아져.

심장이 느리게 뛸 때는 혈액이 이동하는 빠르기가 느려지고, 혈액의 이동량이 적어지지.

내 교과서 살펴보기 / **지학사**

우리 몸 전체에 혈관이 퍼져 있는 까닭
• 혈액 속 산소와 영양소를 몸 전체에 골고루 전달하기 위해서입니다.
• 몸에서 생긴 이산화 탄소와 노폐물을 운반하여 몸 밖으로 내보내기 위해서 입니다.

개념 ④ 우리 몸의 배설 기관

1. 배설: 혈액 속의 노폐물을 오줌으로 만들어 몸 밖으로 내보내는 것

> 용어 우리 몸에서 에너지를 만들고 사용하는 과정에서 생긴 필요 없는 것

2. 배설 기관: 배설을 담당하는 콩팥, 오줌관, 방광, 요도 등

3. 배설 기관의 생김새

오줌관
콩팥에서 방광으로 오줌이 이동하는 통로임.

방광
- 작은 공처럼 생김.
- 콩팥에서 걸러 낸 노폐물을 모아 두었다가 몸 밖으로 내보냄.

노폐물이 많은 혈액

노폐물이 걸러진 혈액

노폐물을 포함한 오줌

콩팥
- 주먹만 한 크기의 강낭콩 모양으로 등허리에 좌우 한 쌍이 있음.
- 혈액을 운반하는 혈관과 연결되어 있고, 혈액 속의 노폐물을 걸러 오줌으로 만듦.

요도
오줌이 몸 밖으로 이동하는 통로임.

> 노폐물은 혈액에 실려 이동하다가 콩팥에서 걸러지고, 걸러진 노폐물은 오줌이 됨. 노폐물이 걸러진 혈액은 다시 온몸을 순환함.

4. 배설 기관이 하는 일 알아보기

① 실험 방법

내 교과서 살펴보기 / 천재교과서

① 거름망을 비커에 걸쳐 놓기
② 다른 비커에 노란 색소 물과 붉은색 모래를 넣고 잘 섞어 ①의 거름망 위에 붓기
③ 거름망, 노란 색소 물, 붉은색 모래는 각각 우리 몸의 어느 부분에 해당하는지 알아보기

거름망

노란 색소 물과 붉은색 모래

② 실험 결과
노란 색소 물만 거름망을 통과하여 비커에 모이고, 붉은색 모래는 거름망 위에 남아 있습니다.
노란 색소 물과 붉은색 모래가 분리됩니다.

③ 거름망, 노란 색소 물, 붉은색 모래가 우리 몸에 해당하는 부분

구분	거름망	노란 색소 물	붉은색 모래
우리 몸	콩팥	오줌(노폐물)	노폐물이 걸러진 혈액

④ 알게 된 점: 콩팥에서 혈액 속의 노폐물을 걸러 오줌을 만듭니다.

☑ 배설

혈액 속의 노폐물을 ○ ㅈ 으로 만들어 몸 밖으로 내보내는 것을 배설이라고 합니다.

> 우리가 혈액 속의 노폐물을 걸러 오줌으로 만들지.

정답 ❻ 오줌

내 교과서 살펴보기 / 천재교과서, 지학사

우리 몸의 배설 기관 중 방광이 없을 때 생길 수 있는 일

방광

⚠ 배설 기관

- 방광이 없다면 콩팥에서 만들어진 오줌이 바로바로 몸 밖으로 나와 계속 오줌이 마려울 것입니다.
- 방광이 없으면 오줌이 쉴 새 없이 나오기 때문에 어떤 일을 하거나 돌아다니기도 힘들 것입니다.

4 단원

Step 1 단원평가

9종 공통

[1~5] 다음은 개념 확인 문제입니다. 물음에 답하시오.

1 뼈에 연결되어 길이가 줄어들거나 늘어나면서 뼈를 움직이게 하는 운동 기관은 무엇입니까?

( )

2 음식물의 영양소를 몸속으로 흡수할 수 있게 음식물을 잘게 쪼개고 분해하는 과정을 무엇이라고 합니까?

( )

3 위와 식도 중에서 작은창자와 연결되어 있고, 소화를 돕는 액체를 분비하는 기관은 어느 것입니까?

( )

4 숨을 들이마실 때 코로 들어온 공기는 기관, 기관지를 거쳐 어느 기관에 도달합니까?

( )

5 콩팥과 방광 중에서 혈액 속의 노폐물을 걸러 오줌을 만드는 것은 어느 것입니까?

( )

9종 공통

6 다음 중 우리 몸의 뼈가 하는 일을 바르게 말한 친구의 이름을 쓰시오.

> 세현: 숨을 들이마시는 일을 해.
> 연진: 우리 몸의 형태를 만들어.
> 정민: 음식물을 소화시키고 흡수해.

( )

천재교과서, 금성, 김영사

7 다음과 같이 팔을 구부렸을 때 팔 안쪽 근육의 변화에 대한 설명으로 옳은 것을 두 가지 고르시오.

(,)

근육

뼈

⬆ 팔을 구부렸을 때 뼈와 근육의 모습

① 팔 안쪽 근육이 펴진다.
② 팔 안쪽 근육이 오므라든다.
③ 팔 안쪽 근육의 길이가 줄어든다.
④ 팔 안쪽 근육의 길이가 늘어난다.
⑤ 팔 안쪽 근육에 아무런 변화가 없다.

9종 공[통]

8 다음은 소화 기관에 대한 설명입니다. ☐ 안에 들어갈 알맞은 말을 쓰시오.

> 소화 기관에는 음식물의 소화와 ☐ 등을 담당하는 입, 식도, 위, 작은창자, 큰창자, 항문 등이 있습니다.

( )

9종 공[통]

9 다음은 음식물이 이동하는 소화 기관의 순서입니[다]. ㉠과 ㉡에 들어갈 알맞은 기관을 각각 쓰시오.

입 → ☐ ㉠ ☐ → 위 → ☐ ㉡ ☐ → 큰창자 → 항문

㉠ (
㉡ (

10 다음 중 호흡에 대한 설명으로 옳지 <u>않은</u> 것은 어느 것입니까? (   )

① 숨을 들이마실 때 코로 공기가 들어온다.

② 호흡은 숨을 들이마시고 내쉬는 활동이다.

③ 호흡 기관에는 코, 기관, 기관지, 폐 등이 있다.

④ 호흡 기관은 호흡할 때 우리 몸에서 일을 하는 기관이다.

⑤ 숨을 들이마시고 내쉴 때 몸속에서는 공기가 이동하지 않는다.

11 다음은 호흡 기관에 대한 설명입니다. 설명에 해당하는 기관을 보기 에서 골라 기호를 쓰시오.

• 주머니 모양이며 좌우 한 쌍이 있습니다.
• 공기 중의 산소를 받아들이고, 몸에서 생긴 이산화 탄소를 내보냅니다.

보기
㉠ 코   ㉡ 폐   ㉢ 기관지

(   )

12 다음 중 심장에 대한 설명으로 옳지 <u>않은</u> 것은 어느 것입니까? (   )

① 순환 기관이다.

② 둥근 주머니 모양이다.

③ 온몸에 복잡하게 퍼져 있다.

④ 자신의 주먹만 한 크기이다.

⑤ 펌프 작용으로 혈액을 순환시킨다.

13 다음과 같이 장치하고 주입기의 펌프를 누르면서 한쪽 관으로 붉은 색소 물을 빨아들이고 다른 쪽 관으로 내보내는 실험을 하였습니다. 이 실험에 대한 설명으로 옳지 <u>않은</u> 것은 어느 것입니까? (   )

펌프
관
붉은 색소 물

① 펌프를 빠르게 누르면 붉은 색소 물이 빠르게 움직인다.

② 펌프를 느리게 누르면 붉은 색소 물이 빠르게 움직인다.

③ 펌프를 빠르게 누르면 붉은 색소 물의 이동량이 많아진다.

④ 펌프를 느리게 누르면 붉은 색소 물의 이동량이 적어진다.

⑤ 펌프는 심장, 관은 혈관, 붉은 색소 물은 혈액을 나타낸다.

14 다음 중 콩팥에서 걸러 낸 노폐물을 모아 두었다가 몸 밖으로 내보내는 기관은 어느 것입니까? (   )

① 간   ② 이자   ③ 방광

④ 식도   ⑤ 오줌관

15 다음은 노폐물이 오줌이 되는 과정에 대한 설명입니다. ☐ 안에 들어갈 알맞은 말을 쓰시오.

노폐물은 ☐☐☐ 에 실려 이동하다가 콩팥에서 걸러지고, 걸러진 노폐물은 오줌이 됩니다.

(   )

9종 공통

16 다음은 소화 기관의 모습입니다.

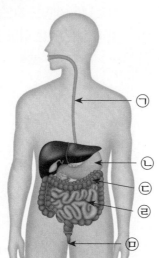

(1) 위의 ㉠~㉢ 중 음식물을 위로 이동시키는 일을 하는 소화 기관의 기호를 쓰시오.

(   )

(2) 위의 ㉡ 기관이 하는 일을 쓰시오.

답 소화를 돕는 **❶** [   ] 을/를 분비하여 **❷** [   ] 와/과 섞은 다음 더 잘게 쪼갠다.

9종 공통

17 다음은 순환 기관에 대해 정리한 표입니다.

구분	심장	혈관
생김새와 위치	둥근 주머니 모양으로 가슴 가운데에서 약간 왼쪽으로 치우쳐 있음.	굵기가 다양하고 온몸에 복잡하게 퍼져 있음.
하는 일	㉠ 작용으로 혈액을 순환시킴.	㉡

(1) 위의 ㉠에 들어갈 알맞은 말을 쓰시오.

(   )

(2) 위의 ㉡에 들어갈 혈관이 하는 일을 쓰시오.

_____

_____

16 (1) 우리 몸의 식도는 음식물을 [ ] 로 이동시키는 일을 합니다.

(2) 위는 소화를 돕는 액체를 (흡수 / 분비)하여 음식물과 섞은 다음 더 잘게 쪼갭니다.

17 (1) 펌프 작용으로 (혈액 / 혈관)을 순환시키는 것은 심장입니다.

(2) 혈관은 굵기가 굵은 것부터 매우 가는 것까지 여러 가지이고, 혈액이 [ ][ ] 하는 통로입니다.

Step 3 수행평가

탐구 주제 뼈와 근육이 하는 일 알아보기

탐구 목표 뼈와 근육 모형으로 팔이 구부러지고 펴지는 원리를 알 수 있다.

수행평가 가이드
다양한 유형의 수행평가!
수행평가 가이드를 이용해 풀어 봐!

[18~20] 다음은 뼈와 근육 모형을 만드는 과정입니다.

1 뼈 모형을 반으로 접고 양면테이프로 붙인 뒤 구멍에 할핀을 꽂아 연결하기

2 비닐봉지 안에 주름 빨대의 한쪽 끝을 넣고, 비닐봉지의 양 끝을 셀로판테이프로 감기

3 근육 모형의 비닐봉지 양 끝을 뼈 모형의 위쪽 가장자리에 셀로판테이프로 붙이기

4 **3**의 모형에 손 그림을 붙이고, 비닐봉지에 공기를 불어 넣기 전과 후의 모형의 변화 알아보기

천재교과서, 동아, 미래엔, 비상, 아이스크림

뼈와 근육

우리 몸에는 생김새와 크기가 다양한 뼈가 여러 개 있습니다. 뼈는 단단하여 우리 몸의 형태를 만들고 몸을 지탱합니다. 또, 심장, 폐, 뇌 등 몸속 기관을 보호합니다. 근육은 뼈에 연결되어 있습니다.

18 다음은 위 모형의 비닐봉지에 공기를 불어 넣기 전과 후의 비닐봉지의 길이와 손 그림의 움직임을 측정한 결과입니다. ☐ 안에 알맞은 말을 쓰시오.

구분	공기를 불어 넣기 전	공기를 불어 넣은 후
비닐봉지의 길이	18 cm	14 cm

➡ 비닐봉지에 공기를 불어 넣으면 비닐봉지가 부풀어 오르면서 비닐봉지의 길이가 ☐ , 손 그림이 위로 올라옵니다.

천재교과서, 동아, 미래엔, 비상, 아이스크림

19 위의 뼈 모형과 비닐봉지가 우리 몸에 해당하는 부분에 맞게 ㉠과 ㉡에 알맞은 말을 각각 쓰시오.

구분	뼈 모형	비닐봉지
우리 몸	㉠	㉡

천재교과서, 동아, 미래엔, 비상, 아이스크림

20 위 실험 결과를 참고하여 팔을 구부리고 펴는 원리를 쓰시오.

_____

_____

진도 완료 체크

모형을 이용하여 우리 몸이 움직이는 원리를 생각해 볼 수 있어.

뼈와 근육의 움직임

뼈는 스스로 움직일 수 없고, 뼈를 움직이게 하는 것은 뼈에 붙어 있는 근육입니다. 근육의 길이가 줄어들거나 늘어나면서 뼈를 움직이게 합니다.

6 감각 기관과 자극의 전달 / 운동할 때 일어나는 몸의 변화

개념 체크

개념 ① 우리 몸의 감각 기관과 자극의 전달

1. **감각 기관**: 주변에서 발생한 자극을 받아들이는 눈, 귀, 코, 혀, 피부 등

2. **신경계**: 자극을 전달하며 반응을 결정하여 명령을 내리는 부분

3. **감각 기관의 생김새와 하는 일**

귀: 얼굴 양 옆에 하나씩 귓바퀴가 튀어나와 있고, 소리를 들음.

눈: 얼굴 윗부분에 두 개가 있고, 사물을 봄.

코: 얼굴 가운데에 튀어나와 구멍이 두 개 뚫려 있고, 냄새를 맡음.

혀: 입속에 있고 길쭉한 모양이며, 맛을 느낌.

피부: 몸 표면을 감싸며 차가움, 뜨거움, 아픔, 촉감 등을 느낌.

4. 자극이 전달되어 반응하는 과정 → 자극이 같아도 사람마다 반응이 다르게 나타날 수 있습니다.

→ 온몸에 퍼져 있습니다.

감각 기관	신경계			운동 기관
	자극을 전달하는 신경	뇌(행동을 결정하는 신경)	명령을 전달하는 신경	
눈으로 날아오는 공을 봄.	자극을 뇌로 전달함.	팔을 뻗어 공을 받아치라고 명령함.	명령을 운동기관으로 전달함.	팔을 뻗어 공을 받아침.

감각 기관에서 자극을 받아들임. → 신경이 자극을 뇌로 전달 → 뇌에서 자극을 해석하여 반응을 결정하고 명령을 내림. → 신경이 뇌의 명령을 운동 기관에 전달 → 운동 기관은 명령에 따라 반응함.

☑ **감각 기관**

주변에서 발생한 자극을 받아들이는 눈, 귀, 코, ❶ ☐ , 피부 등을 감각 기관이라고 합니다.

와~ 달다.

정말 맛있어.

정답 ❶ 혀

내 교과서 살펴보기 / 천재교육

자극이 전달되어 반응하는 과정의 예

얼음이 담긴 음료수가 보이고(눈), 날씨가 무척 더움(피부).

신경이 ↓ 자극 전달

뇌에서 음료수를 마시라고 명령함.

신경이 ↓ 명령 전달

팔(운동 기관)을 뻗어 음료수를 마심.

개념② 운동할 때 일어나는 몸의 변화

1. 운동할 때 몸에서 일어나는 변화 알아보기

실험 방법	❶ 운동을 하지 않은 안정된 상태와 1분 동안 팔 벌려 뛰기를 한 직후, 5분 동안 휴식을 취했을 때의 체온과 1분 동안의 맥박 수를 측정하기 ❷ ❶에서 측정한 체온과 1분 동안의 맥박 수를 그래프로 나타내기 ❸ 운동할 때 체온과 맥박 수가 변하는 까닭을 몸속 기관이 하는 일과 관련하여 알아보기

내 교과서 살펴보기 / 천재교육, 천재교과서, 지학사

맥박 수 측정하기

🔺 맥박 수를 측정하는 모습

맥박은 심장이 뛰는 것이 혈관에 전달되어 나타나는 것으로 손가락으로 손목을 살짝 누르면 맥박을 느낄 수 있습니다.

실험 결과	구분	평상시	운동 직후	5분 휴식 후
	체온(℃)	36.7	36.9	36.6
	맥박 수 (회)	65	102	69

(그래프: 체온 / 맥박 수, 평상시 · 운동 직후 · 5분 휴식 후)

알게 된 점	• 운동을 하면 체온이 올라가고 맥박이 빨라진다. → 땀이 나기도 합니다. • 운동을 하고 시간이 지나면 체온이 내려가고 맥박이 느려져 운동 전 상태로 돌아간다.
체온과 맥박 수가 변하는 까닭	• 운동을 하면 몸에서 에너지를 많이 내면서 열이 많이 나기 때문에 체온이 올라간다. • 산소와 영양소를 많이 이용하므로 심장이 빠르게 뛰어 맥박이 빨라지고, 호흡도 빨라진다.

2. 몸을 움직이기 위해 각 기관이 하는 일 → 서로 영향을 주고받기 때문에 조화를 이뤄야 합니다.

운동 기관
영양소와 산소를 이용하여 몸을 움직임.

소화 기관
음식물을 소화하여 영양소를 흡수함.

호흡 기관
산소를 흡수하고, 이산화 탄소를 내보냄.

순환 기관
영양소와 산소를 온몸에 전달하고, 이산화 탄소와 노폐물을 각각 호흡 기관과 배설 기관에 전달함.

배설 기관
혈액 속의 노폐물을 걸러 내어 오줌으로 배설함.

감각 기관
주변의 자극을 받아들임.

☑ 운동할 때 순환 기관이 하는 일

❷ [ㅅ][ㅈ]이 빠르게 뛰어 영양소와 산소를 온몸에 전달합니다.

심장이 엄청 빠르게 뛰네.

정답 ❷ 심장

Step 1 단원평가

9종 공통

[1~5] 다음은 개념 확인 문제입니다. 물음에 답하시오.

1 소리와 같은 자극을 받아들이는 감각 기관은 무엇입니까?
( )

2 감각 기관에서 받아들인 자극을 뇌로 전달하는 것은 무엇입니까?
( )

3 자극을 해석하여 반응을 결정하고 명령을 내리는 것은 무엇입니까?
( )

4 운동하기 전과 운동한 직후 중 체온이 더 높을 때는 언제입니까?
( )

5 산소와 이산화 탄소 중 운동할 때 우리 몸이 많이 이용하는 기체는 어느 것입니까?
( )

9종 공통

6 다음은 자극을 받아들이는 기관에 대한 설명입니다. ☐ 안에 들어갈 알맞은 말을 쓰시오.

![그림]

> 날아오는 공을 ☐ (으)로 보는 것과 같이 주변으로부터 전달된 자극을 느끼고 받아들이는 기관을 감각 기관이라고 합니다.

( )

9종 공통

7 다음 중 감각 기관이 <u>아닌</u> 것은 어느 것입니까?
( )

① 혀 ② 뇌 ③ 귀
④ 코 ⑤ 피부

9종 공통

8 다음 감각 기관에 대한 설명 중 옳은 것은 어느 것입니까? ( )

① 혀로 맛을 알 수 있다.
② 코로 소리를 들을 수 있다.
③ 눈으로 온도를 느낄 수 있다.
④ 피부로 냄새를 맡을 수 있다.
⑤ 귀로 주변의 사물을 볼 수 있다.

9종 공통

9 다음은 빵을 먹을 때의 자극과 반응을 정리한 것입니다. ㉠과 ㉡에 들어갈 알맞은 말을 각각 쓰시오.

구분	상황
㉠	• 고소한 냄새를 맡음. • 접시 위의 빵을 봄.
㉡	빵을 먹음.

㉠ ( ) ㉡ (

10 다음은 자극이 전달되어 반응하는 과정입니다. □ 안에 공통으로 들어갈 알맞은 말을 쓰시오.

9종 공통

> 감각 기관 → 자극을 전달하는 □ → 뇌 →
> 명령을 전달하는 □ → 운동 기관

(   )

11 다음 보기 에서 1분 동안 운동을 할 때 나타나는 변화로 옳지 않은 것을 골라 기호를 쓰시오.

9종 공통

> 보기
> ㉠ 호흡이 빨라집니다.
> ㉡ 심장이 느리게 뜁니다.
> ㉢ 체온이 올라가고, 맥박이 빨라집니다.

(   )

12 다음은 운동할 때 나타나는 변화를 몸속 여러 기관의 기능과 관련지어 설명한 것입니다. □ 안에 공통으로 들어갈 알맞은 말은 어느 것입니까? (   )

9종 공통

> 운동할 때 우리 몸은 에너지를 내기 위해 많은 □ 이/가 필요합니다. 호흡이 빨라지면 □ 을/를 많이 공급할 수 있습니다.

① 질소   ② 산소   ③ 수증기
④ 수소   ⑤ 이산화 탄소

13 다음 중 운동 전, 운동 직후, 5분 동안 휴식한 후의 우리 몸에 대한 설명으로 옳은 것을 두 가지 고르시오.

9종 공통

(,   )

① 운동하기 전보다 운동한 직후의 체온이 더 높다.
② 운동하기 전보다 운동한 직후의 맥박이 더 빠르다.
③ 운동하기 전과 운동한 직후의 체온과 맥박 수는 같다.
④ 운동한 직후보다 5분 동안 휴식한 후의 체온이 더 높다.
⑤ 운동한 직후보다 5분 동안 휴식한 후의 맥박이 더 빠르다.

14 다음 우리 몸의 기관과 몸을 움직이기 위해 각 기관이 하는 일을 바르게 줄로 이으시오.

9종 공통

(1) 감각 기관 •   • ㉠ 산소를 흡수하고, 이산화 탄소를 몸 밖으로 내보냄.

(2) 배설 기관 •   • ㉡ 주변의 자극을 받아들임.

(3) 호흡 기관 •   • ㉢ 혈액에 있는 노폐물을 걸러 내어 오줌으로 내보냄.

(4) 운동 기관 •   • ㉣ 영양소와 산소를 이용하여 몸을 움직임.

9종 공통

15 다음은 감각 기관의 생김새와 하는 일에 대해 정리한 표입니다.

구분	㉠	피부
생김새	얼굴 윗부분에 두 개가 있음.	몸 표면을 감싸고 있음.
하는 일	사물을 봄.	㉡

(1) 위의 ㉠에 들어갈 알맞은 감각 기관을 쓰시오.

( )

(2) 위의 ㉡에 들어갈 피부가 하는 일을 쓰시오.

답 피부는 차가움과 ❶ [ ] 등의 온도와 피부에 닿는 ❷ [ ],

아픔 등을 느낀다.

9종 공통

16 오른쪽은 은재와 어머니가 자전거를 타는 모습입니다.

(1) 위와 같이 자전거를 타면 심장이 빠르게 뜁니다. 생활 속에서 심장이 빠르게 뛰는 예를 한 가지 쓰시오.

( )

(2) 위와 같이 자전거를 탈 때 심장이 빠르게 뛰는 까닭을 쓰시오.

_____

_____

9종 공통

17 오른쪽은 평상시와 운동한 직후, 5분 동안 휴식한 후의 체온과 1분 동안의 맥박 수를 나타낸 그래프입니다. 운동할 때와 휴식을 취했을 때의 체온과 맥박의 변화에 대해 쓰시오.

_____

_____

서술형 가이드
어려워하는 서술형 문제!
서술형 가이드를 이용하여 풀어 봐!

15 (1) 눈은 얼굴 윗부분에 두 개가 있고 사물을 [ ][ ] 기관입니다.

(2) 몸 표면을 감싸는 (피부 / 폐)는 차가움, 뜨거움, 촉감, 아픔 등을 느낍니다.

16 (1) 생활 속에서 심장이 빠르게 뛰는 경우는 (앉아 있을 / 운동할) 때입니다.

(2) 심장이 빠르게 뛰면 [ ][ ] 순환이 빨라져서 우리 몸에 많은 양의 산소와 영양소가 공급됩니다.

17 운동하면 체온이 (올라 / 내려) 가고, 맥박이 (빨라 / 느려) 집니다.

Step 3 수행평가

탐구 주제 운동할 때 몸에서 일어나는 변화 관찰하기

탐구 목표 운동할 때 몸에 일어나는 변화를 관찰하여 여러 기관이 관련이 있음을 설명할 수 있다.

[18~20] 다음은 운동할 때 몸에서 일어나는 변화를 알아보기 위한 방법과 결과입니다.

실험 방법]

❶ 운동을 하지 않은 안정된 상태와 1분 동안 팔 벌려 뛰기를 한 직후, 5분 동안 휴식을 취했을 때의 체온과 1분 동안의 맥박 수를 측정하기
❷ ❶에서 측정한 체온과 1분 동안의 맥박 수를 그래프로 나타내기
❸ 운동할 때 체온과 맥박 수가 변하는 까닭을 몸속 기관이 하는 일과 관련하여 알아보기

실험 결과]

구분	체온(℃)	1분 동안 맥박 수(회)
평상시	36.7	65
운동 직후	36.9	102
5분 휴식 후	36.6	69

9종 공통

18 다음은 위와 같이 몸을 움직이기 위해 세 기관이 하는 일을 정리한 것입니다. ☐ 안에 알맞은 말을 쓰시오.

호흡 기관	❶ ☐ 을/를 받아들이고, 이산화 탄소를 몸 밖으로 내보냄.
순환 기관	영양소와 산소를 온몸에 전달하고, 이산화 탄소와 노폐물을 각각 호흡 기관과 배설 기관에 전달함.
배설 기관	혈액에 있는 ❷ ☐ 을/를 걸러 내어 오줌으로 배설함.

9종 공통

19 다음은 위 탐구를 통해 알게 된 점입니다. ☐ 안에 알맞은 말을 쓰시오.

• 체온에 비해 ❶ ☐ 의 변화가 뚜렷하게 보인다.

• 운동할 때는 평소보다 맥박과 호흡이 ❷ ☐ .

9종 공통

20 위와 같이 운동을 할 때 체온과 맥박 수가 변하는 까닭을 쓰시오.

_____

_____

수행평가 가이드

다양한 유형의 수행평가!
수행평가 가이드를 이용해 풀어 봐!

운동할 때의 몸의 변화

운동할 때 우리 몸은 평소보다 더 많은 산소와 영양소가 필요합니다. 따라서 더 많은 산소와 영양소를 공급하기 위해 호흡과 심장 박동이 빨라집니다. 또 운동을 하면 체온이 올라가고 땀이 나기도 합니다.

운동을 하면 체온과 맥박 수가 변해. 변한 체온과 맥박 수는 휴식을 취하면 평소와 비슷해져.

4 단원

진도 완료 체크

우리 몸의 기관

우리 몸의 기관들은 각각의 일을 하면서도 서로 영향을 주고받습니다. 예를 들어 호흡 기관에서 받아들인 산소는 순환 기관을 통해 온몸으로 전달됩니다. 따라서 한 기관이 제대로 기능을 하지 못하면 다른 기관도 제대로 기능을 하지 못하게 됩니다.

4. 우리 몸의 구조와 기능

점수

Q 배점 표시가 없는 문제는 문제당 4점입니다.

9종 공통

1 다음은 뼈와 근육에 대한 설명입니다. ☐ 안에 들어갈 알맞은 말을 쓰시오.

> 우리 몸속 기관 중에서 움직임에 관여하는 뼈와 근육을 ☐(이)라고 합니다.

( )

[2~3] 다음은 뼈와 근육의 움직임을 알아보기 위해 만든 뼈와 근육 모형입니다. 물음에 답하시오.

> 비닐봉지

⬆ 뼈와 근육 모형

천재교과서, 동아, 미래엔, 비상, 아이스크림

2 위의 뼈와 근육 모형에 공기를 불어 넣었을 때 나타나는 비닐봉지 길이의 변화로 옳은 것을 보기 에서 골라 기호를 쓰시오.

> **보기**
> ㉠ 비닐봉지의 길이가 늘어납니다.
> ㉡ 비닐봉지의 길이가 줄어듭니다.
> ㉢ 비닐봉지의 길이는 변화가 없습니다.

( )

📋 서술형·논술형 문제 　　　　천재교과서, 동아, 미래엔, 비상, 아이스크림

3 위 모형의 비닐봉지는 우리 몸의 어느 부분을 나타내는지 쓰고, 2번의 답을 참고하여 팔이 구부러지는 원리는 무엇인지 쓰시오. [8점]

_____

_____

9종 공통

4 다음 중 소화에 대해 바르게 말한 친구의 이름을 쓰시오.

> 연수: 우리 몸을 지탱하고 몸속의 내부 기관을 보호하는 것을 말해.
> 정이: 뼈를 움직이기 위해서 근육의 길이가 늘어나거나 줄어드는 것을 말해.
> 혜인: 음식물을 잘게 쪼개 몸에 흡수될 수 있는 형태로 분해하는 과정을 말해.

( )

9종 공통

5 다음 중 소화 기관에 대한 설명으로 옳지 않은 것은 어느 것입니까? ( )

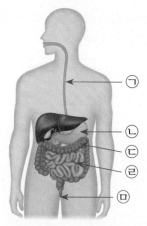

① ㉠은 식도로, 음식물이 위로 이동하는 통로이다.
② ㉡은 위로, 소화를 돕는 액체를 분비해 음식물을 더 잘게 쪼갠다.
③ ㉢은 큰창자로, 작은창자를 감싸고 있고 음식물 찌꺼기의 수분을 흡수한다.
④ ㉣은 작은창자로, 소화를 돕는 액체를 분비하고 음식물을 잘게 분해하고 영양소를 흡수한다.
⑤ ㉤은 항문으로, 큰창자와 연결되어 있으며 소화되지 않은 음식물 찌꺼기를 다시 흡수한다.

6 다음 중 떡이 입으로 들어가 이동하는 소화 기관을 순서대로 바르게 나타낸 것은 어느 것입니까? (   )

9종 공통

① 입 → 큰창자 → 위 → 작은창자 → 식도 → 항문
② 입 → 위 → 식도 → 큰창자 → 작은창자 → 항문
③ 입 → 식도 → 큰창자 → 작은창자 → 위 → 항문
④ 입 → 식도 → 위 → 큰창자 → 작은창자 → 항문
⑤ 입 → 식도 → 위 → 작은창자 → 큰창자 → 항문

9종 공통

7 다음 중 우리 몸의 호흡에 관여하는 기관으로 옳은 것은 어느 것입니까? (   )

① 위   ② 폐
③ 식도   ④ 항문
⑤ 작은창자

9종 공통

8 다음은 폐의 기능에 대한 설명입니다. ㉠, ㉡에 들어갈 알맞은 기체를 각각 쓰시오.

> 폐는 몸 밖에서 들어온 ㉠ 을/를 받아들이고, 몸 안에서 생긴 ㉡ 을/를 몸 밖으로 내보냅니다.

㉠ (   )
㉡ (   )

서술형·논술형 문제

9종 공통

9 다음은 우리 몸의 호흡 기관의 모습입니다. [총 12점]

(1) 위의 ㉠~㉣ 중 기관지를 골라 기호를 쓰시오.
[4점]

(   )

(2) 기관지가 하는 일을 쓰시오. [8점]

_____

_____

9종 공통

10 다음 중 혈관에 대한 설명으로 옳은 것을 두 가지 골라 기호를 쓰시오. (,   )

① 혈관의 굵기는 모두 같다.
② 혈액이 이동하는 통로이다.
③ 온몸에 복잡하게 퍼져 있다.
④ 펌프 작용으로 혈액을 순환시킨다.
⑤ 산소는 혈관을 통해 이동할 수 없다.

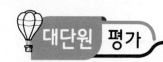

[11~12] 다음은 주입기로 붉은 색소 물을 한쪽 관으로 빨아들이고 다른 쪽 관으로 내보내는 모습입니다. 물음에 답하시오.

펌프
관
붉은 색소 물

천재교육, 천재교과서, 김영사, 동아, 미래엔

11 위의 주입기의 펌프, 주입기의 관, 붉은 색소 물은 우리 몸에서 어떤 부분을 나타내는 것인지 각각 쓰시오.

주입기의 펌프	㉠
주입기의 관	㉡
붉은 색소 물	㉢

천재교육, 천재교과서, 김영사, 동아, 미래엔

12 위의 주입기의 펌프를 느리게 누를 때, 다음 중 붉은 색소 물의 이동 빠르기와 이동량의 변화를 바르게 짝지은 것은 어느 것입니까? (   )

	이동 빠르기	이동량
①	느려짐.	많아짐.
②	느려짐.	적어짐.
③	빨라짐.	많아짐.
④	빨라짐.	적어짐.
⑤	변화 없음.	변화 없음.

9종 공통

13 다음 보기 에서 배설과 배설 기관에 대한 설명으로 옳지 않은 것을 골라 기호를 쓰시오.

보기
㉠ 노폐물을 몸 밖으로 내보내는 과정을 배설이라고 합니다.
㉡ 요도는 콩팥에서 방광으로 오줌이 이동하는 통로입니다.
㉢ 배설 기관에는 콩팥, 방광, 오줌관, 요도 등이 있습니다.

(   )

[14~15] 다음은 배설 기관이 하는 일을 알아보는 실험 방법입니다. 물음에 답하시오.

❶ 거름망을 비커에 걸쳐 놓기
❷ 다른 비커에 노란 색소 물과 붉은색 모래를 넣고 잘 섞어 ❶의 거름망 위에 붓기

거름망
노란 색소 물과
붉은색 모래

천재교과서

14 다음 보기 에서 위 실험의 결과에 대한 설명으로 옳은 것을 골라 기호를 쓰시오.

보기
㉠ 붉은색 모래만 거름망을 통과합니다.
㉡ 노란 색소 물만 거름망을 통과합니다.
㉢ 노란 색소 물과 붉은색 모래 모두 거름망을 통과합니다.

(   )

천재교과

15 다음은 위 실험의 거름망과 노란 색소 물, 붉은색 모래에 해당하는 우리 몸의 부분을 정리한 표입니다. ☐ 안에 들어갈 알맞은 기관의 기호를 골라 쓰시오.

㉠
㉡
㉢

거름망	☐
노란 색소 물	오줌(노폐물)
붉은색 모래	노폐물이 걸러진 혈액

(   )

16 다음의 자극을 받아들이는 알맞은 감각 기관을 보기 에서 골라 기호를 각각 쓰시오.

보기
ㄱ 코   ㄴ 귀
ㄷ 혀   ㄹ 피부

(1)
피아노 소리
(   )

(2)
꽃 향기
(   )

(3)
과일의 맛
(   )

(4)
얼음의 차가움
(   )

📋 서술형·논술형 문제

17 다음은 배드민턴을 하는 모습입니다. [총 12점]

(1) 위의 모습을 자극과 반응으로 나누어 쓰시오.
[4점]
• 날아오는 공을 보기: (   )
• 공을 치기: (   )

(2) 위와 같이 감각 기관으로 자극을 받아들여 반응하는 예를 한 가지 쓰시오. [8점]

_____

_____

18 다음 보기 에서 운동할 때 몸에 나타나는 변화로 옳은 것끼리 바르게 짝지은 것은 어느 것입니까? (   )

보기
ㄱ 호흡이 느려집니다.
ㄴ 체온이 올라갑니다.
ㄷ 맥박이 빨라집니다.
ㄹ 심장이 느리게 뜁니다.

① ㄱ, ㄴ   ② ㄱ, ㄷ
③ ㄱ, ㄹ   ④ ㄴ, ㄷ
⑤ ㄴ, ㄹ

19 다음은 운동할 때 몸에 나타나는 변화를 설명한 것입니다. ☐ 안에 공통으로 들어갈 알맞은 말을 쓰시오.

• 운동 기관을 움직이는 데 필요한 영양소는 소화 기관에서 얻고, ☐은/는 호흡 기관에서 얻습니다.
• 심장 박동이 빨라져 혈액 순환이 빨라지면 많은 양의 ☐와/과 영양소가 우리 몸에 공급되어 많은 에너지를 낼 수 있습니다.

(   )

4 단원

진도 완료 체크

20 다음 중 몸을 움직이기 위해 각 기관이 하는 일에 대해 잘못 말한 친구의 이름을 쓰시오.

정은: 운동 기관은 영양소와 산소를 이용해 몸을 움직여.
하영: 소화 기관은 음식물을 소화하여 영양소를 흡수하지.
현지: 배설 기관은 냄새나 촉감 같은 주변의 자극을 받아들여.

(   )

연관 학습 안내

이 단원의 학습	중학교

에너지와 생활
자연 현상이나 우리 생활에서 에너지는 다른 형태의 에너지로 전환된다는 것을 배워요.

에너지 전환과 보존
에너지 전환과 에너지 보존 법칙 등에 대해 배울 거예요.

만화로 단원 미리보기

에너지와 생활

5

 단원 안내

(1) 에너지의 필요성 / 에너지 형태 / 에너지 전환
(2) 효율적인 에너지 활용 방법

개념① 에너지의 필요성

1. 에너지가 필요한 까닭과 에너지를 얻는 방법 → 에너지는 눈에 보이지 않습니다.

독수리 – 사냥한 동물
살쾡이 – 사냥한 동물
사과나무 – 광합성
닭 – 모이
사람 – 음식물

⬆ 생물이 에너지를 얻는 방법

자동차 – 기름(연료)
텔레비전 – 전기
자동차 – 전기
가스보일러 – 가스

⬆ 기계가 에너지를 얻는 방법

구분		에너지가 필요한 까닭	에너지를 얻는 방법
생물	식물	자라서 열매를 맺는 데 필요함.	햇빛을 받아 광합성을 해 스스로 양분을 만들어 에너지를 얻음.
	동물	살아가는 데 필요함.	식물이나 다른 동물을 먹고 그 양분으로 에너지를 얻음.
기계	자동차	움직이는 데 필요함.	기름(연료)을 넣거나 전기를 충전함.
	텔레비전	텔레비전을 볼 때 필요함.	콘센트에 텔레비전의 전선을 연결함.
	가스 보일러	물을 데우거나 집 안을 따뜻하게 하는 데 필요함.	가스를 공급함.

↳ 기계가 에너지를 얻는 방법은 다양합니다.

2. 일상생활에서 에너지가 필요한 까닭과 에너지를 얻는 방법

에너지가 필요한 까닭	에너지를 얻는 방법
생물이 살아가거나 기계가 작동할 때 에너지가 꼭 필요하기 때문임.	석탄, 석유, 천연가스, 햇빛, 바람, 물 등 여러 가지 에너지 자원에서 얻음.

3. 우리 생활에서 가스를 사용하지 못한다면 생기는 일 예

① 가스레인지를 사용하지 못하면 음식을 끓여 먹을 수 없습니다.
② 추운 겨울에 보일러를 사용하지 못해 집 안을 따뜻하게 하기 어렵고, 물을 데울 수가 없어서 찬물로 씻어야 할 것입니다.

☑ **에너지를 얻는 방법**

식물과 동물 모두 양분에서

❶ [ㅇ][ㄴ][ㅈ] 를 얻습니다.

에너지를 얻는 중이야.
나도!

정답 ❶ 에너지

식물은 빛을 이용해 이산화 탄소와 물로 양분을 만드는데, 이것을 광합성이라고 해.

내 교과서 살펴보기 / 금성

식물, 동물, 사람이 에너지를 얻는 방법 비교 예

풀은 햇빛을 받아 광합성을 해 에너지를 얻습니다.
➡ 소는 풀을 먹고 에너지를 얻습니다.
➡ 사람은 소고기, 우유 등의 음식물을 먹고 에너지를 얻습니다.

개념 2 여러 가지 형태의 에너지

1. 에너지 형태 → 에너지는 물질과 달리 눈에 보이지 않고 만질 수도 없지만 우리 생활 곳곳에 존재합니다.

열에너지
녹고 있는 쇠
물체의 온도를 높일 수 있는 에너지

전기 에너지
전기로 작동하는 밥솥
전기 기구를 작동하게 하는 에너지

빛에너지
주위를 밝히는 가로등
주위를 밝게 비출 수 있는 에너지

화학 에너지
음식물, 석유, 석탄 등
음식물, 석유, 석탄 등이 가진 에너지

> 물질 안에 저장되어 있는 에너지로, 생물의 생명 활동에 필요합니다.

운동 에너지
공을 차는 아이들
움직이는 물체가 가진 에너지

위치 에너지
말뚝을 박을 때 높은 곳에서 추를 떨어뜨립니다.
높은 곳의 추
높은 곳에 있는 물체가 가진 에너지

> 집에서는 전기 에너지로 전기 기구가 작동하고,

> 화학 에너지로 가스레인지에 불을 붙이며, 열에너지로 음식을 익혀.

2. 주변에서 찾을 수 있는 에너지 형태 예

열에너지	태양, 사람의 체온, 영상이 나오는 텔레비전, 모닥불, 끓는 물, 작동 중인 온풍기, 전기다리미의 열 등
전기 에너지	불이 들어온 신호등, 영상이 나오는 텔레비전, 충전 중인 자동차, 작동 중인 선풍기 등
빛에너지	태양, 불이 들어온 신호등, 영상이 나오는 텔레비전, 가로등, 등대, 모닥불, 전광판 등
화학 에너지	광합성하는 식물, 음식물, 자동차 연료, 보일러에 공급하는 가스, 휴대 전화의 배터리, 건전지, 석탄, 석유 등
운동 에너지	날고 있는 새, 뛰고 있는 강아지, 달리는 자동차, 굴러가는 공, 공을 차는 아이들 등
위치 에너지	날고 있는 새, 미끄럼틀 위의 아이, 높이 올라간 시소, 댐이나 폭포에 있는 물 등

> 한 물체에서 여러 가지 에너지 형태를 찾을 수도 있습니다.

☑ **에너지 형태**

우리가 이용하는 에너지 형태에는 열에너지, 전기 에너지, 빛에너지, 화학 에너지, 위치 에너지, ❷ ○ □ 에너지 등이 있습니다.

신나게 달려 볼까?
쌩
솟아라, 운동 에너지!

정답 ❷ 운동

내 교과서 살펴보기 / 김영사, 미래엔

6학년 2학기 「과학」에서 각 단원의 내용과 관련된 에너지 형태

단원	에너지 형태
전기의 이용	화학 에너지, 빛에너지, 전기 에너지 등
계절의 변화	열에너지, 빛에너지, 운동 에너지 등
연소와 소화	열에너지, 빛에너지, 화학 에너지 등
우리 몸의 구조와 기능	열에너지, 화학 에너지, 운동 에너지 등

5 단원

개념 3 다른 형태로 바뀌는 에너지

용어 다른 방향이나 상태로 바뀌거나 바꿈.

1. 에너지 전환: 에너지 형태가 바뀌는 것

① 에너지를 전환하여 생활에서 필요한 여러 가지 형태의 에너지를 얻습니다.

② 태양에서 온 에너지 전환 예

> 사람이 화학 에너지를 가진 식물을 먹고 에너지를 얻습니다.

태양의 빛에너지	➡ 식물의 화학 에너지(광합성) ➡ 사람의 운동 에너지
	➡ 전기 에너지(태양 전지) ➡ 가전제품 작동
태양의 열에너지	➡ 물의 증발 ➡ 눈, 비 등 ➡ 높은 곳(댐)의 물의 위치 에너지 ➡ 발전기의 전기 에너지(수력 발전)

> 우리가 이용하는 대부분의 에너지는 태양에서 온 에너지 형태가 전환된 것입니다.

2. 에너지 형태가 바뀌는 예 찾아보기

① 롤러코스터에서 열차가 이동할 때의 각 구간별 에너지 전환

2구간 열차가 위에서 아래로 내려올 때

1구간 처음 열차를 위로 끌어 올릴 때

3구간 열차가 아래에서 위로 올라갈 때

> 전기 에너지를 이용합니다.

1구간
전기 에너지 → 운동 에너지, 위치 에너지

2구간
위치 에너지 → 운동 에너지

3구간
운동 에너지 → 위치 에너지

② 에너지 형태가 바뀌는 다양한 예

빔 투사기의 영화

🔺 운동 에너지 → 전기 에너지 → 빛에너지, 열에너지
> 발전기

떨어지는 폭포의 물

🔺 위치 에너지 → 운동 에너지

손전등의 불빛

🔺 화학 에너지 → 전기 에너지 → 빛에너지, 열에너지
> 건전지

눈썰매를 타는 모습

🔺 위치 에너지 → 운동 에너지

뛰어노는 아이와 강아지

🔺 화학 에너지 → 운동 에너지
> 음식물

모닥불

🔺 화학 에너지 → 빛에너지, 열에너지
> 나무

✅ 에너지 전환

에너지 ❸ ㅎ ㅌ 가 바뀌는 것을 에너지 전환이라고 합니다.

전기 에너지가 운동 에너지로 바뀌어.

정답 ❸ 형타

에너지 형태가 바뀌지 않는다면 우리 생활에 필요한 에너지를 얻기 어려울거야.

내 교과서 살펴보기 / 금성, 김영사, 미래엔, 아이스크림

태양광 장난감(로봇)이 움직일 때의 에너지 전환 과정

태양의 빛에너지

⬇ 태양 전지

전기 에너지

⬇ 전동기

태양광 장난감(로봇)의 운동 에너지

9종 공통

1 다음 ☐ 안에 공통으로 들어갈 알맞은 말을 쓰시오.

- 생물이 살아가려면 ☐☐☐이/가 필요합니다.
- 자동차, 텔레비전, 보일러와 같은 기계가 움직이려면 ☐☐☐이/가 필요합니다.

(   )

9종 공통

2 다음 생물이 에너지를 얻는 방법에 맞게 바르게 줄로 이으시오.

(1)

△ 귤나무

•   • ㉠   다른 생물을 먹고 그 양분으로 에너지를 얻음.

(2)

△ 살쾡이

•   • ㉡   햇빛을 이용해 스스로 양분을 만들어 에너지를 얻음.

9종 공통

3 다음 중 여러 가지 에너지 형태에 대한 설명으로 옳은 것은 어느 것입니까? (   )

① 열에너지: 주위를 밝게 비출 수 있는 에너지이다.
② 운동 에너지: 움직이는 물체가 가진 에너지이다.
③ 위치 에너지: 물체의 온도를 높이는 에너지이다.
④ 화학 에너지: 높은 곳의 물체가 가진 에너지이다.
⑤ 전기 에너지: 음식물, 석유 등이 가진 에너지이다.

9종 공통

4 오른쪽과 같이 추를 떨어뜨려 말뚝을 박을 때, 높은 곳에 있는 추와 가장 관련 있는 에너지 형태를 보기 에서 골라 기호를 쓰시오.

보기
㉠ 열에너지   ㉡ 전기 에너지
㉢ 위치 에너지   ㉣ 화학 에너지

(   )

9종 공통

5 다음은 떨어지는 폭포의 물에서 일어나는 에너지 전환을 나타낸 것입니다. ☐ 안에 들어갈 알맞은 말을 쓰시오.

위치 에너지 ➡ ☐☐ 에너지

(   )

9종 공통

6 다음은 각 기구를 사용할 때 일어나는 에너지 전환 과정을 나타낸 것입니다. 옳은 것에는 ○표, 옳지 않은 것에는 ✕표를 하시오.

(1) 선풍기: 전기 에너지 → 운동 에너지 (   )
(2) 태양 전지: 전기 에너지 → 빛에너지 (   )

5 단원

개념 알기 5. 에너지와 생활(2)

6 효율적인 에너지 활용 방법

개념 체크

개념 ① 효율적인 에너지 활용 방법

1. 식물이나 동물이 에너지를 효율적으로 이용하는 예

식물	동물
⬆ 잎이 떨어진 나뭇가지 ⬆ 목련의 겨울눈	⬆ 겨울잠을 자는 고슴도치 ⬆ 이동하는 철새

식물	• 겨울을 준비하기 위해 나무는 가을에 잎을 떨어뜨림. • 겨울눈의 비늘은 추운 겨울에 열에너지가 **빠져나가는** 것을 줄여 주어 어린 싹이 얼지 않도록 함. → 여러 겹의 비늘 껍질과 털로 싸여 있습니다.
동물	• 곰, 다람쥐, 박쥐, 고슴도치 등은 겨울이 되면 먹이를 구하기 어려우므로 겨울잠을 자면서 자신의 화학 에너지를 효율적으로 이용함. • 철새들은 먼 거리를 날아갈 때 바람을 이용하여 에너지 효율을 높임.

2. 전기 기구와 건축물의 에너지 효율을 높인 예

전기 기구	건축물

⬆ 발광 다이오드[LED]등 ⬆ 에너지 소비 효율
                    등급 표시
	⬆ 이중창 ⬆ 단열재
	→ 건물 안 열 손실을 → 바깥 온도의
	  줄입니다. 영향을 차단합니다.

전기 기구	• 발광 다이오드[LED]등처럼 에너지 효율이 높은 것을 사용함. • 에너지 소비 효율 등급이 1등급에 가까운 제품, 에너지 절약 표시나 고효율 기자재 표시가 붙어 있는 제품을 사용함.
건축물	• 태양의 빛에너지나 열에너지를 이용하는 장치를 사용함. → 가정용 태양광 발전 장치나 • 창문 크기를 조절하여 태양 에너지를 많이 이용하도록 함. 태양열 발전 장치 • 이중창, 단열재 등을 사용함.

→ 용어 두 물질 사이에서 열의 이동을 줄이는 것

3. 효율적인 에너지 활용의 중요성: 우리가 이용하는 에너지를 얻는 데 필요한 석유, 석탄 등의 자원은 양이 정해져 있으므로 에너지를 효율적으로 이용해야 합니다.

☑ **동물이 에너지를 효율적으로 이용하는 예**

곰, 다람쥐, 고슴도치 등이 겨울에 ❶ ☐ ☐ ☐ 을 자는 것은 환경에 적응하여 에너지를 효율적으로 이용하는 예입니다.

정답 ❶ 겨울잠

창문을 열고 에어컨, 난방기를 작동시키거나 에너지 효율 등급이 낮은 제품을 사용하면 에너지가 낭비돼.

내 교과서 살펴보기 / 천재교육, 천재교과서 동아, 미래엔, 지학사

전등의 에너지 효율 비교

• 전등은 주위를 밝게 하는 도구이므로, 전기 에너지가 빛에너지로 많이 전환될수록 에너지 효율이 높습니다.
• 전기 에너지가 빛에너지로 많이 전환되는 발광 다이오드[LED]등이 백열등보다 에너지 효율이 높습니다.

⬆ 전등에서 전기 에너지(100%)의 전환 비율

개념 다지기

9종 공통

1 다음은 식물이 에너지를 효율적으로 이용하는 방법에 대한 설명입니다. ( ) 안의 알맞은 말에 ○표를 하시오.

> 겨울눈의 비늘은 추운 겨울에 (열 / 빛)에너지가 빠져나가는 것을 줄여 어린 싹이 얼지 않도록 합니다.
>
>
> △ 목련의 겨울눈

9종 공통

2 다음은 동물이 에너지를 효율적으로 이용하는 방법에 대한 설명입니다. ☐ 안에 들어갈 알맞은 말을 쓰시오.

> 곰이나 다람쥐, 박쥐 등은 겨울에 먹이를 구하기 어려우므로 ☐☐☐을/를 자면서 에너지를 효율적으로 이용합니다.

( )

천재교육, 천재교과서, 금성, 김영사, 동아, 미래엔, 비상, 지학사

3 다음은 준재가 가정에서 사용하는 여러 가지 전기 기구에 붙어 있는 에너지 소비 효율 등급을 조사하여 나타낸 것입니다. 에너지를 가장 효율적으로 이용하는 전기 기구는 어느 것인지 쓰시오.

> • 세탁기 – 1등급   • 냉장고 – 2등급
> • 에어컨 – 3등급   • 공기 청정기 – 5등급

( )

9종 공통

4 다음 중 건축물의 에너지 효율을 높이기 위해 설치하는 것으로 적당하지 <u>않은</u> 것은 어느 것입니까? ( )

① 이중창

② 단열재

③ 백열등

④ 가정용 태양열 발전 장치

⑤ 가정용 태양광 발전 장치

[5~6] 다음은 전등의 전기 에너지가 빛에너지와 열에너지로 전환되는 비율을 나타낸 것입니다. 물음에 답하시오.

ⓐ 백열등   ⓐ 발광 다이오드[LED]등

천재교육, 천재교과서, 동아, 미래엔, 지학사

5 위 ㉠과 ㉡ 중 전기 에너지가 빛에너지로 더 많이 전환되는 전등의 기호를 쓰시오.

( )

9종 공통

6 위의 두 전등의 에너지 효율을 바르게 비교한 것을 다음 보기 에서 골라 기호를 쓰시오.

> **보기**
> ㉠ 백열등과 발광 다이오드[LED]등의 에너지 효율은 비슷합니다.
> ㉡ 백열등이 발광 다이오드[LED]등보다 에너지 효율이 더 높습니다.
> ㉢ 발광 다이오드[LED]등이 백열등보다 에너지 효율이 더 높습니다.

( )

5 단원

Step 1 단원평가

9종 공통

[1~5] 다음은 개념 확인 문제입니다. 물음에 답하시오.

1 생물이 살아가거나 기계가 움직이려면 공통적으로 무엇이 필요합니까? (   )

2 (식물 / 동물)은 빛을 이용하여 스스로 양분을 만들어 에너지를 얻고, (식물 / 동물)은 다른 생물을 먹고 그 양분으로 에너지를 얻습니다.

3 움직이는 물체가 가진 에너지 형태를 무엇이라고 합니까? (   )

4 에너지 형태가 바뀌는 것을 무엇이라고 합니까? (   )

5 우리가 사용하는 대부분의 에너지는 무엇에서 온 에너지 로부터 전환된 것입니까? (   )

6 9종 공통
다음 중 에너지에 대한 설명으로 옳지 <u>않은</u> 것은 어느 것입니까? (   )
① 자동차가 움직이려면 에너지가 필요하다.
② 기계는 전기나 기름 등에서 에너지를 얻는다.
③ 사람은 음식을 먹어 소화하여 에너지를 얻는다.
④ 식물이 자라 열매를 맺기 위해 에너지가 필요하다.
⑤ 모든 동물은 빛을 이용해 스스로 양분을 만들어 에너지를 얻는다.

7 9종 공통
다음 중 에너지를 다른 생물에서 얻는 생물을 두 가지 고르시오. (,   )

①
⤴ 토끼

②
⤴ 토마토

③
⤴ 귤나무

④
⤴ 살쾡이

8 천재교과서
다음 중 우리 생활에서 가스를 사용하지 못할 때 생길 수 있는 일을 잘못 말한 친구의 이름을 쓰시오.

> 정현: 텔레비전을 보지 못해.
> 준재: 추운 겨울에 보일러를 사용하지 못해.
> 지윤: 가스레인지를 사용하지 못해 음식을 끓여 먹을 수 없어.

(   )

9 9종 공통
다음 두 상황과 공통으로 관련된 에너지 형태는 어느 것입니까? (   )

> 달리는 자동차, 뛰고 있는 강아지

① 빛에너지   ② 전기 에너지
③ 운동 에너지   ④ 화학 에너지
⑤ 위치 에너지

10 다음에서 찾을 수 있는 에너지 형태를 나타낸 것으로 옳지 <u>않은</u> 것을 보기 에서 골라 기호를 쓰시오.

천재교과서

보기
㉠ 사람의 체온 – 열에너지
㉡ 먹고 있는 음식 – 화학 에너지
㉢ 광합성을 하는 사과나무 – 위치 에너지
㉣ 날고 있는 새 – 위치 에너지, 운동 에너지

(   )

11 다음은 롤러코스터에서 움직이는 열차의 모습입니다. 롤러코스터에서 위치 에너지가 운동 에너지로 전환되는 구간은 어디인지 숫자를 쓰시오.

천재교과서, 금성, 동아, 미래엔, 아이스크림

2구간
열차가 위에서 아래로 내려올 때

1구간
처음 열차를 위로 끌어 올릴 때

3구간
열차가 아래에서 위로 올라갈 때

(   )구간

12 다음 중 전기 에너지를 열에너지로 전환하여 사용하는 것을 두 가지 고르시오. (,   )

9종 공통

① 선풍기   ② 모닥불
③ 태양 전지   ④ 전기밥솥
⑤ 전기다리미

13 다음 중 겨울철 목련에서 볼 수 있는 ㉠에 대한 설명으로 옳지 <u>않은</u> 것은 어느 것입니까? (   )

9종 공통

① 겨울눈이다.
② 겨울에 어린싹이 얼지 않도록 한다.
③ 여러 겹의 비늘 껍질과 털로 싸여 있다.
④ 운동 에너지가 빠져나가는 것을 줄여 준다.
⑤ 식물이 에너지를 효율적으로 활용하기 위한 것이다.

14 다음 중 에너지를 효율적으로 이용하는 방법에 대한 설명으로 옳지 <u>않은</u> 것은 어느 것입니까? (   )

9종 공통

① 창문은 이중창으로 설치한다.
② 태양 에너지를 이용하는 장치를 설치한다.
③ 발광 다이오드[LED]등을 백열등이나 형광등으로 바꾼다.
④ 단열재를 사용하여 건물 안의 열이 빠져나가지 않도록 한다.
⑤ 에너지 소비 효율 등급이 1등급에 가까운 전기 제품을 사용한다.

5 단원

9종 공통

15 다음 두 생물이 에너지를 얻는 방법을 비교하여 쓰시오.

⌃ 사과나무

⌃ 사자

답 사과나무는 ❶ [ ] 을/를 이용하여 스스로 양분을 만들어 에너지를

얻고, 사자는 다른 ❷ [ ] 을/를 먹고 그 양분으로 에너지를 얻는다.

9종 공통

16 오른쪽은 불이 켜진 가로등의 모습입니다.

(1) 불이 켜진 가로등이 전기 에너지 이외에 가지고 있는 주위를 밝게 비출 수 있는 에너지 형태를 한 가지 쓰시오.

( )

(2) 위 (1)번 답을 참고하여 불이 켜진 가로등에서 일어나는 에너지 전환 과정을 쓰시오.

_____

_____

9종 공통

17 오른쪽과 같이 전기 주전자에 물을 넣고 끓일 때 일어나는 에너지 전환 과정을 쓰시오.

_____

_____

서술형 가이드
어려워하는 서술형 문제!
서술형 가이드를 이용하여 풀어 봐!

15 햇빛을 받아서 광합성을 하여 스스로 양분을 만드는 생물은 (식물 / 동물)이고, 식물이나 다른 동물을 먹고 양분을 얻는 생물은 (식물 / 동물)이다.

16 (1) 일상생활에서 사용하는 에너지 형태에는 [ ] 에너지, 전기 에너지, 빛에너지, 화학 에너지, 운동 에너지, 위치 에너지 등이 있습니다.

(2) 가로등에서 나온 [ ] 으로 주변을 밝힐 수 있습니다.

17 한 에너지는 다른 에너지로 형태가 바뀔 수 있으며, 이처럼 에너지 형태가 다른 에너지 형태로 바뀌는 것을 에너지 [ ] [ ] 이라고 합니다.

탐구 주제 다른 형태로 바뀌는 에너지

탐구 목표 자연이나 우리 주변에서 에너지 형태가 바뀌는 예를 찾아 설명할 수 있다.

에너지 전환

에너지 형태가 다른 에너지 형태로 바뀌는 것입니다.

[18~20] 다음은 에너지 전환이 일어나는 예를 나타낸 것입니다.

(가) 태양 전지

(나) 물의 순환

천재교육, 천재교과서, 금성, 김영사, 미래엔, 비상, 지학사

18 위 (가)와 (나)에서 일어나는 에너지 전환 과정을 보기에서 골라 각각 기호를 쓰시오.

보기
㉠ 태양의 빛에너지 → 열에너지   ㉡ 태양의 빛에너지 → 전기 에너지
㉢ 태양의 빛에너지 → 운동 에너지   ㉣ 태양의 열에너지 → 전기 에너지
㉤ 태양의 열에너지 → 위치 에너지   ㉥ 태양의 열에너지 → 화학 에너지

(가) (   ) (나) (   )

물의 순환

태양의 열에너지를 받아 바닷물이 증발하여 수증기가 되고, 수증기가 하늘로 올라가 응결하면 구름이 되고, 위치 에너지를 가지고 있는 구름은 비나 눈이 되어 다시 땅으로 내려옵니다.

9종 공통

19 다음은 위 (가)와 (나)를 통해 알게 된 점을 설명한 것입니다. ☐ 안에 들어갈 알맞은 말을 쓰시오.

우리가 사용하는 대부분의 에너지는 ☐에서 온 에너지 형태가 전환된 것입니다.

(   )

9종 공통

20 위 (가)와 (나)에서 전환된 에너지 형태가 우리 생활에 어떻게 이용되는지 각각 쓰시오.

(가): _____

(나): _____

수력 발전

비가 되어 내린 물이 댐에 저장되면 필요에 따라 물을 아래로 떨어뜨리는데, 이때 위치 에너지가 운동 에너지로 전환되고, 이 운동 에너지가 전기 에너지로 전환됩니다.

5
단원

진도 완료
체크

⚟ 배점 표시가 없는 문제는 문제당 4점입니다.

1 다음 ☐ 안에 공통으로 들어갈 알맞은 말을 쓰시오.
9종 공통

> 생물이 살아가거나 기계가 움직일 때 필요한 ☐☐은/는 석탄, 석유, 천연가스, 햇빛, 바람 등 여러 가지 ☐☐ 자원에서 얻을 수 있습니다.

( )

2 다음과 같은 방법으로 에너지를 얻는 생물을 두 가지 고르시오. (,)
9종 공통

> 빛을 이용하여 스스로 양분을 만들어 에너지를 얻습니다.

① 토끼 ② 토끼풀
③ 호랑이 ④ 고양이
⑤ 사과나무

3 다음은 기계가 필요한 에너지를 얻는 방법에 대한 설명입니다. ☐ 안에 공통으로 들어갈 알맞은 말을 쓰시오.
9종 공통

> • 전기다리미: ☐☐ 에너지로 작동합니다.
> • 자동차: 연료를 넣거나 ☐☐을/를 충전합니다.

( )

4 다음 중 햇빛, 불 켜진 전등과 공통으로 관련된 에너지 형태는 어느 것입니까? ( )
9종 공통

① 빛에너지 ② 전기 에너지
③ 화학 에너지 ④ 위치 에너지
⑤ 운동 에너지

5 다음 중 위치 에너지에 대한 설명으로 옳은 것은 어느 것입니까? ( )
9종 공통

① 움직이는 물체가 가진 에너지이다.
② 주위를 밝게 비출 수 있는 에너지이다.
③ 음식물, 석유, 석탄 등이 가진 에너지이다.
④ 높은 곳에 있는 물체가 가진 에너지이다.
⑤ 물체의 온도를 높일 수 있는 에너지이다.

🗂 서술형·논술형 문제
9종 공통

6 오른쪽은 녹고 있는 쇠의 모습입니다. [총 12점]

(1) 위와 같이 물체의 온도를 높일 수 있는 에너지 형태를 쓰시오. [4점]

( )

(2) 위 (1)번 답의 에너지 형태가 실생활에서 이용되는 예를 한 가지 쓰시오. [8점]

_____

_____

7 다음 중 화학 에너지를 가지고 있지 **않은** 것은 어느 것입니까? ( )
9종 공

① 건전지
② 화분의 식물
③ 타오르는 모닥불
④ 높이 올라간 그네
⑤ 휴대 전화의 배터리

[8~9] 다음 놀이터의 모습을 보고, 물음에 답하시오.

천재교과서

8 위 놀이터에서 찾을 수 있는 에너지 형태를 나타낸 것으로 옳은 것을 보기 에서 골라 기호를 쓰시오.

보기
㉠ 달리는 자전거 – 전기 에너지
㉡ 휴대 전화의 배터리 – 운동 에너지
㉢ 미끄럼틀 위의 아이 – 위치 에너지

(   )

천재교과서

9 다음 중 위 놀이터의 높이 올라간 시소와 같은 에너지 형태를 가지고 있는 것은 어느 것입니까? (   )

① 태양
② 전기다리미
③ 사람의 체온
④ 공을 차는 아이들
⑤ 높은 곳에 있는 추

9종 공통

10 오른쪽의 텔레비전과 같은 전기 기구들을 작동하는 데 이용되는 에너지 형태를 쓰시오.

(   )

11 다음 중 에너지 전환에 대한 설명으로 옳은 것은 어느 것입니까? (   )

① 에너지 형태가 바뀌는 것을 말한다.
② 빛에너지는 열에너지로만 전환된다.
③ 에너지 형태가 계속 유지되는 것을 말한다.
④ 한 에너지는 다른 한 에너지로만 전환된다.
⑤ 위치 에너지가 운동 에너지로 전환되면 다시 위치 에너지로는 전환될 수 없다.

🖋 서술형·논술형 문제   천재교과서, 금성, 동아, 미래엔, 아이스크림

12 다음은 롤러코스터에서 움직이는 열차의 모습입니다.

[총 12점]

(1) 위 ㉡ 구간과 ㉢ 구간 중에서 운동 에너지가 위치 에너지로 전환되는 구간의 기호를 쓰시오. [4점]
(   ) 구간

(2) 위 ㉠ 구간에서 일어나는 에너지 전환 과정을 쓰시오. [8점]

_____

_____

9종 공통

13 폭포에서 물이 떨어질 때 일어나는 에너지 전환 과정에 맞게 ㉠과 ㉡에 들어갈 알맞은 말을 각각 쓰시오.

㉠ 에너지 → ㉡ 에너지

㉠ (   )
㉡ (   )

14 오른쪽과 같이 모닥불을 피워 음식을 익힐 때 일어나는 에너지 전환 과정으로 옳은 것은 어느 것입니까?

9종 공통

( )

① 열에너지 → 위치 에너지
② 열에너지 → 운동 에너지
③ 화학 에너지 → 열에너지
④ 위치 에너지 → 열에너지
⑤ 화학 에너지 → 운동 에너지

천재교육, 천재교과서, 금성, 김영사, 미래엔, 비상, 지학사

15 다음 □ 안에 들어갈 알맞은 에너지 형태를 쓰시오.

> 높은 댐에 고인 물의 위치 에너지가 수력 발전소에서 □ 에너지로 전환됩니다.

( )

9종 공통

16 다음은 태양에서 온 에너지의 전환 과정을 나타낸 것입니다. ⊙과 ⓒ에 들어갈 알맞은 말을 바르게 짝지은 것은 어느 것입니까? ( )

⊙ 에너지

← 열에너지

← 태양 전지

ⓒ 에너지

└ 화학 에너지

	⊙	ⓒ		⊙	ⓒ
①	빛	운동	②	빛	전기
③	위치	운동	④	운동	위치
⑤	전기	화학			

9종 공통

17 전기다리미로 옷의 주름을 펼 때 일어나는 에너지 전환 과정에 맞게 ⊙, ⓒ에 들어갈 알맞은 말을 각각 쓰시오.

> ⊙ 에너지 ➡ ⓒ 에너지

⊙ ( ) ⓒ ( )

서술형·논술형 문제   천재교과서, 금성, 동아, 미래엔, 비상, 아이스크림, 지학사

18 다음과 같이 동물이 겨울잠을 자는 까닭을 쓰시오. [8점]

⬥ 겨울잠을 자는 북극곰

_____

_____

[19~20] 다음은 두 가지 전등에서 전기 에너지가 빛에너지로 전환되는 비율을 나타낸 것입니다. 물음에 답하시오.

백열등	발광 다이오드[LED]등
약 5 %	약 95 %

천재교육, 천재교과서, 동아, 미래엔, 지학사

19 위와 같은 전등에서 전기 에너지는 빛에너지 이외에 어떤 에너지로 전환되는지 쓰시오.

( )

천재교육, 천재교과서, 동아, 미래엔, 지학사

20 위의 비율로 보아 두 가지 전등 중 에너지를 더 효율적으로 이용할 수 있는 전등은 어느 것인지 쓰시오.

( )

초등 문해력
독해가 힘이다
비문학편

문해력을 키우면 정답이 보인다 (초등 3~6학년 / 단계별)

비문학편(A)
문해 기술을 이미지, 영상 콘텐츠로 쉽게 이해하고
비문학 시사 지문의 구조화를 연습하는 난도 높은 독해력 전문 교재

디지털·비문학편 (B)
비문학 문해 기술을 바탕으로 디지털 정보의 선별과
수용, 비판적 독해를 연습하는 비문학·디지털 문해력 전문 교재

뭘 좋아할지 몰라 다 준비했어♥
전과목 교재

전과목 시리즈 교재

●무등생 해법시리즈
– 국어/수학	1~6학년, 학기용
– 사회/과학	3~6학년, 학기용
– SET(전과목/국수, 국사과)	1~6학년, 학기용

●똑똑한 하루 시리즈
– 똑똑한 하루 독해	예비초~6학년, 총 14권
– 똑똑한 하루 글쓰기	예비초~6학년, 총 14권
– 똑똑한 하루 어휘	예비초~6학년, 총 14권
– 똑똑한 하루 한자	예비초~6학년, 총 14권
– 똑똑한 하루 수학	1~6학년, 총 12권
– 똑똑한 하루 계산	예비초~6학년, 총 14권
– 똑똑한 하루 도형	예비초~6학년, 총 8권
– 똑똑한 하루 사고력	1~6학년, 총 12권
– 똑똑한 하루 사회/과학	3~6학년, 학기용
– 똑똑한 하루 안전	1~2학년, 총 2권
– 똑똑한 하루 Voca	3~6학년, 학기용
– 똑똑한 하루 Reading	초3~초6, 학기용
– 똑똑한 하루 Grammar	초3~초6, 학기용
– 똑똑한 하루 Phonics	예비초~초등, 총 8권

●독해가 힘이다 시리즈
– 초등 수학도 독해가 힘이다	1~6학년, 학기용
– 초등 문해력 독해가 힘이다 문장제수학편	1~6학년, 총 12권
– 초등 문해력 독해가 힘이다 비문학편	3~6학년, 총 8권

영어 교재

●초등영어 교과서 시리즈
파닉스(1~4단계)	3~6학년, 학년용
영단어(1~4단계)	3~6학년, 학년용
●LOOK BOOK 영단어	3~6학년, 단행본
●원서 읽는 LOOK BOOK 영단어	3~6학년, 단행본

국가수준 시험 대비 교재

●해법 기초학력 진단평가 문제집	2~6학년·중1 신입생, 총 6권

온라인 학습북

온라인 성적 피드백
개념 동영상 강의
서술형 문제 동영상 강의

초등
과학 6·2

재교육

온라인 학습북 포인트 **3**가지

▶ 「**개념 동영상 강의**」로 교과서 핵심만 정리!

▶ 「**서술형 문제 동영상 강의**」로 사고력도 향상!

▶ 「**온라인 성적 피드백**」으로 단원별로 내가 부족한 부분 꼼꼼하게 체크!

우등생 온라인 학습북 활용법

home.chunjae.co.kr

온라인 강의
개념 / 서술형·논술형 평가
/ 단원평가

온라인 채점과 성적 피드백
정답을 입력하면 채점과 성적 분석까지

온라인 학습 스케줄 관리
맞춤형 홈스쿨링 스케줄표 제공

정답 입력

1	①	②	③	④	⑤
2	①	②	③	④	⑤
3	①	②	③	④	⑤
4	①	②	③	④	⑤
5	①	②	③	④	⑤
6	①	②	③	④	⑤

온라인 피드백

9
어떤 물체를 특정 물질로 만드는 까닭을 알고 있으면 문제를 푸는 데 도움이 됩니다. 집게를 이루고 있는 물질과 물체를 그 물질로 만들었을 때의 좋은 점을 알고 있어야 합니다.

11
물체의 기능에 알맞은 물질을 선택하여 물체를 만드는 경우를 이해하는 데 어려움을 느낄 수 있습니다. 물체의 각 부분을 서로 다른 물질로 만들었을 때의 좋은 점을 알

단원평가의 답을 입력하여 제출하면
틀린 문제에 대한 피드백과 동영상 강의 제공!

우등생 과학 6-2
홈스쿨링 스피드 스케줄표(10회)

스피드 스케줄표는 온라인 학습북을 10회로 나누어
빠르게 공부하는 학습 진도표입니다.

1. 전기의 이용		2. 계절의 변화
1회 온라인 학습북 4~11쪽	**2**회 온라인 학습북 12~15쪽	**3**회 온라인 학습북 16~23쪽
월 일	월 일	월 일

2. 계절의 변화	3. 연소와 소화	
4회 온라인 학습북 24~27쪽	**5**회 온라인 학습북 28~35쪽	**6**회 온라인 학습북 36~39쪽
월 일	월 일	월 일

4. 우리 몸의 구조와 기능		5. 에너지 생활
7회 온라인 학습북 40~47쪽	**8**회 온라인 학습북 48~51쪽	**9**회 온라인 학습북 52~59쪽
월 일	월 일	월 일

전체 범위
10회 온라인 학습북 60~63쪽
월   일

스피드
스케줄표
바로가기

차례

❶ 전구에 불이 켜지는 조건

전구에 불이 켜진다.

전기가 흐르는 길을 끊거나 연결해 준다.

스위치

전구를 전지의 (+)극에 연결하고,

전구를 전지의 (−)극에 연결한다.

전지

전기를 흐르게 한다.

전구에 불이 켜지지 않는다.

전구가 전지의 (−)극과 연결되어 있지 않다.

✳ 중요한 내용을 정리해 보세요!

● 전기 회로란?

● 전구에 불이 켜지는 조건은?

개념 확인하기

정답 18쪽

🍃 다음 문제를 읽고 답을 찾아 ☐ 안에 ✔표를 하시오.

1 전기 회로에 전기를 흐르게 하는 전기 부품은 어느 것입니까?

| ㉠ 전지 ☐ | ㉡ 전구 ☐ |
| ㉢ 스위치 ☐ | ㉣ 전구 끼우개 ☐ |

2 전기가 흐르는 길을 끊거나 연결하는 전기 부품은 어느 것입니까?

| ㉠ 전지 ☐ | ㉡ 전구 ☐ |
| ㉢ 스위치 ☐ | ㉣ 집게 달린 전선 ☐ |

3 여러 가지 전기 부품을 연결하여 전기가 흐르도록 한 것을 무엇이라고 합니까?

| ㉠ 전기 회로 ☐ | ㉡ 전기 연결 ☐ |

4 전기 회로에서 전구에 불이 켜지는 경우는 어느 것입니까?

| ㉠ 스위치를 닫았을 때 ☐ |
| ㉡ 스위치를 닫지 않았을 때 ☐ |

5 전구에 불이 켜지는 조건으로 옳은 것은 어느 것입니까?

| ㉠ 전구를 전지의 양쪽 극에 연결한다. ☐ |
| ㉡ 전지, 전구, 전선이 끊기게 연결한다. ☐ |

전구의 연결 방법에 따른 전구의 밝기

직렬연결

전구의
연결 방법

병렬연결

< 전구의 밝기

> 전지의 사용 기간

전구 한 개의 불이 꺼지면 나머지 전구의 불도 꺼진다.

전구 한 개의 불이 꺼져도 나머지 전구의 불이 꺼지지 않는다.

✴ 중요한 내용을 정리해 보세요!

● 전구의 직렬연결과 병렬연결이란?

● 전구의 연결 방법에 따른 전구의 밝기는?

개념 확인하기

정답 18쪽

다음 문제를 읽고 답을 찾아 ☐ 안에 ✔표를 하시오.

전기 회로에서 전구 두 개 이상을 한 줄로 연결하는 방법을 무엇이라고 합니까?

㉠ 전구의 직렬연결 ☐
㉡ 전구의 병렬연결 ☐

전기 회로에서 전구 두 개 이상을 여러 개의 줄에 나누어 한 개씩 연결하는 방법을 무엇이라고 합니까?

㉠ 전구의 직렬연결 ☐
㉡ 전구의 병렬연결 ☐

3 전구가 더 밝은 전구의 연결 방법은 어느 것입니까?

㉠ 전구의 직렬연결 ☐
㉡ 전구의 병렬연결 ☐

4 전지를 더 오래 사용할 수 있는 전구의 연결 방법은 어느 것입니까?

㉠ 전구의 직렬연결 ☐
㉡ 전구의 병렬연결 ☐

5 전구 한 개의 불이 꺼지면 나머지 전구의 불도 꺼지는 전구의 연결 방법은 어느 것입니까?

㉠ 전구의 직렬연결 ☐ ㉡ 전구의 병렬연결 ☐

[1~2] 다음과 같이 전지, 전선, 전구를 연결하였습니다. 물음에 답하시오.

천재교육, 천재교과서, 김영사, 미래엔, 비상

1 위 전기 회로 중 결과가 나머지와 <u>다른</u> 하나를 골라 기호를 쓰시오.

( )

천재교육, 천재교과서, 김영사, 미래엔, 비상

2 다음 [보기]에서 위 **1**번 답의 전지, 전선, 전구가 연결되어 있는 방법으로 옳은 것을 골라 기호를 쓰시오.

[보기]
ㄱ 전구가 전지의 (+)극에만 연결되어 있습니다.
ㄴ 전구가 전지의 (+)극과 (−)극에 각각 연결되어 있습니다.
ㄷ 전구에 연결된 전선이 모두 전지의 (−)극에만 연결되어 있습니다.

( )

3 다음 중 전기 회로에 전기가 흐르는 경우를 골라 기호를 쓰시오.

⬆ 스위치를 닫지 않았을 때   ⬆ 스위치를 닫았을 때

( )

4 다음은 전기 회로에서 전구에 불이 켜지는 조건입니다. ☐ 안에 공통으로 들어갈 알맞은 말을 쓰시오.

• 전지, 전선, 전구가 끊기지 않게 연결합니다.
• 전구는 ☐ 의 (+)극과 ☐ 의 (−)극에 각각 연결합니다.

( )

천재교과서, 김

5 다음의 전기 회로에서 스위치를 닫았을 때 전구의 밝기를 바르게 비교한 사람의 이름을 쓰시오.

선정: ㉠과 ㉡은 전구의 밝기가 같아.
지현: ㉠은 ㉡보다 전구의 밝기가 밝아.
수진: ㉡은 ㉠보다 전구의 밝기가 밝아.

( )

[6~8] 다음의 두 전기 회로를 보고 물음에 답하시오.

㉠

㉡

천재교육, 천재교과서, 미래엔, 비상, 지학사

6 위 전기 회로에서 다르게 한 조건은 어느 것입니까?
( )

① 전구의 수   ② 전지의 수
③ 전구의 종류   ④ 전구의 연결 방법
⑤ 전지의 연결 방법

천재교육, 천재교과서, 미래엔, 아이스크림, 지학사

위의 두 전기 회로 중 오른쪽의 전기 회로와 전구의 밝기가 같은 것을 골라 기호를 쓰시오.

( )

천재교육, 천재교과서, 미래엔, 비상, 지학사

위 전기 회로에 대한 설명으로 옳지 <u>않은</u> 것은 어느 것입니까? ( )

① ㉠은 전구가 병렬연결되어 있다.
② ㉡은 전구가 직렬연결되어 있다.
③ ㉠은 ㉡보다 전구의 밝기가 밝다.
④ ㉠은 ㉡보다 에너지 소비가 더 많다.
⑤ ㉠은 ㉡보다 전지를 더 오래 사용할 수 있다.

[9~10] 다음과 같이 전구의 연결 방법을 다르게 하여 연결해 보았습니다. 물음에 답하시오.

㉠

㉡

천재교육, 천재교과서, 동아, 비상, 지학사

9 위와 같은 전구의 연결 방법을 각각 무엇이라고 하는지 쓰시오.
㉠ ( )
㉡ ( )

천재교육, 천재교과서, 동아, 비상, 지학사

10 위의 각 전기 회로에서 전구 한 개의 불이 꺼졌을 때, 나머지 전구에 대한 설명으로 옳은 것은 어느 것입니까?
( )

	㉠	㉡
①	불이 꺼짐.	불이 꺼짐.
②	불이 꺼짐.	불이 꺼지지 않음.
③	불이 꺼지지 않음.	불이 켜짐.
④	불이 꺼지지 않음.	불이 꺼지지 않음.
⑤	불이 꺼졌다 켜짐.	불이 꺼졌다 켜짐.

❶ 전자석의 성질

전자석의 성질

- 전류가 흐르면 자석의 성질이 나타난다.
  - 철이 붙는다.
- 한 줄로 연결한 전지의 수에 따라 자석의 세기가 바뀐다.
  - 전자석에 철로 된 물체가 더 많이 붙는다.
- 전지의 극을 반대로 하면 자석의 극이 바뀐다.
  - 나침반 바늘이 가리키는 방향이 반대로 바뀐다.

✳ 중요한 내용을 정리해 보세요!

● 전자석이란?

● 영구 자석과 다른 전자석의 성질은?

개념 확인하기

정답 18쪽

🍃 다음 문제를 읽고 답을 찾아 ☐ 안에 ✔표를 하시오.

1 철심에 감은 전선에 전기가 흐르면 전선 주위에 자석의 성질이 나타나는 것을 무엇이라고 합니까?

   ㉠ 전자석 ☐   ㉡ 영구 자석 ☐

2 전자석의 끝부분에 클립이 붙는 경우는 어느 것입니까?

   ㉠ 전기 회로의 스위치를 닫았을 때 ☐
   ㉡ 전기 회로의 스위치를 닫지 않았을 때 ☐

3 전자석에 붙은 짧은 빵 끈의 개수가 더 많은 것은 어느 것입니까?

   ㉠ 전기 회로에 전지 한 개를 연결한 경우 ☐
   ㉡ 전기 회로에 전지 두 개를 서로 다른 극끼리 한 줄로 연결한 경우 ☐

4 자석의 세기를 조절할 수 있는 것은 어느 것입니까?

   ㉠ 전자석 ☐   ㉡ 영구 자석 ☐

5 자석의 극을 바꿀 수 있는 것은 어느 것입니까?

   ㉠ 전자석 ☐   ㉡ 영구 자석 ☐

전기를 안전하게 사용하고 절약하는 방법

❋ 중요한 내용을 정리해 보세요!

● 전기를 안전하게 사용하는 방법은?

● 전기를 절약하는 방법은?

개념 확인하기

정답 18쪽

1 다음 문제를 읽고 답을 찾아 ☐ 안에 ✔표를 하시오.

플러그는 어느 부분을 잡고 뽑아야 합니까?

⊙ 머리 부분 ☐   ⓛ 전선 부분 ☐

2 전기를 안전하게 사용하는 방법으로 옳은 것은 어느 것입니까?

⊙ 젓가락을 콘센트에 넣지 않는다. ☐

ⓛ 물 묻은 손으로 플러그를 꽂는다. ☐

3 전기를 낭비하는 경우로 옳은 것은 어느 것입니까?

⊙ 낮에 전등을 켜 둔다. ☐

ⓛ 창문을 닫고 에어컨을 켠다. ☐

4 전기를 안전하게 사용해야 하는 까닭으로 옳은 것은 어느 것입니까?

⊙ 감전 사고가 발생할 수 있다. ☐

ⓛ 홍수나 가뭄이 발생할 수 있다. ☐

5 전기를 절약하는 방법으로 옳은 것은 어느 것입니까?

⊙ 불필요한 전기 사용을 줄인다. ☐

ⓛ 효율이 낮은 전기 제품을 사용한다. ☐

[1~2] 다음은 전선 주위에 놓인 나침반 바늘의 움직임을 관찰하기 위한 실험입니다. 물음에 답하시오.

㉮ 전지에 전선과 스위치를 연결해서 전기 회로를 만듭니다.

㉯ 전선 아래에 나침반을 놓고, 전선이 나침반 바늘과 나란한 방향이 되도록 전선의 위치를 조정합니다.

금성

1 다음 보기 에서 위 전기 회로의 스위치를 닫았을 때 나침반에 나타나는 변화로 옳은 것을 골라 기호를 쓰시오.

보기
㉠ 나침반 바늘이 움직입니다.
㉡ 나침반 바늘이 계속 돌아갑니다.
㉢ 나침반 바늘이 가리키는 방향이 바뀌지 않습니다.

( )

금성

2 위 1번의 답으로 보아 전기가 흐르는 전선 주위에 무엇과 같은 성질이 생겼음을 알 수 있습니까? ( )
① 종이
② 유리
③ 고무
④ 자석
⑤ 플라스틱

3 다음 중 전자석의 끝부분을 침핀에 가까이한 뒤 스위치를 닫았을 때의 결과로 옳은 것을 골라 기호를 쓰시오.

㉠

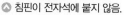
⌃ 침핀이 전자석에 붙지 않음.

㉡

⌃ 침핀이 전자석에 붙음.

( )

[4~5] 다음은 전자석에 전지 한 개와 전지 두 개를 각각 연결하여 스위치를 닫았을 때, 전자석 끝부분에 붙은 짧은 빵 끈의 모습입니다. 물음에 답하시오.

㉠

⌃ 짧은 빵 끈이 3개 붙음.

㉡

⌃ 짧은 빵 끈이 6개 붙음.

천재교과서

4 위 실험에서 전지 한 개를 연결했을 때의 결과를 골라 기호를 쓰시오.

( )

천재교과서

5 위 실험으로부터 알 수 있는 전자석의 성질로 옳은 것은 어느 것입니까? ( )
① 자석의 극이 일정하다.
② 자석의 세기가 일정하다.
③ 자석의 극을 바꿀 수 있다.
④ 자석의 세기를 조절할 수 있다.
⑤ 전기가 흐를 때에만 자석의 성질이 나타난다.

다음과 같이 전자석의 양 끝에 나침반을 놓고 스위치를 닫았을 때의 결과로 옳은 것은 어느 것입니까?

(   )

① 나침반 바늘이 빙글빙글 돈다.
② 나침반 바늘에 전기가 흐른다.
③ 나침반 바늘이 움직이지 않는다.
④ 나침반 바늘이 전자석 쪽으로 움직인다.
⑤ 나침반 바늘이 가지고 있는 자석의 성질이 없어진다.

다음은 아래의 전자석 기중기에 이용된 전자석의 원리를 설명한 것입니다. □ 안에 들어갈 알맞은 말은 어느 것입니까? (   )

전자석 기중기를 사용하면 무거운 ☐ 제품을 전자석에 붙여 다른 장소로 옮길 수 있습니다.

① 철   ② 유리
③ 나무   ④ 고무
⑤ 플라스틱

김영사, 비상, 지학사

8 다음 중 전기를 안전하게 사용하고 있는 경우를 골라 기호를 쓰시오.

☝ 콘센트 덮개 끼우기

☝ 콘센트 한 개에 플러그 여러 개를 꽂아 사용하기

(   )

9 다음 보기 의 내용을 전기를 안전하게 사용하는 방법과 절약하는 방법으로 분류하여 기호를 각각 쓰시오.

보기
㉠ 창문을 닫고 에어컨을 켭니다.
㉡ 사용하지 않는 전등을 끕니다.
㉢ 플러그의 머리 부분을 잡고 뽑습니다.
㉣ 물 묻은 손으로 전기 제품을 만지지 않습니다.

(1) 전기를 안전하게 사용하는 방법:
(,   )

(2) 전기를 절약하는 방법:
(,   )

천재교과서, 금성, 미래엔, 비상, 지학사

10 다음은 전기를 안전하게 사용하고 절약해야 하는 까닭입니다. ㉠, ㉡에 들어갈 알맞은 말을 각각 쓰시오.

• 전기를 안전하게 사용하지 않으면 ㉠ 사고나 전기 화재 등이 발생할 수 있습니다.
• 전기를 절약하지 않으면 자원이 ㉡ 되고 환경 문제가 발생할 수 있습니다.

㉠ (   )
㉡ (   )

연습 🐱 도움말을 참고하여 내 생각을 차근차근 써 보세요.

천재교육, 천재교과서, 김영사, 미래엔, 비상

1 다음과 같이 전지, 전선, 전구를 연결하였습니다.

[총 10점]

(1) 위에서 전구에 불이 켜지지 않는 것의 기호를 쓰시오.
[2점]

(   )

(2) 위 (1)번 답에서 전구에 불이 켜지지 않는 까닭은 전구에 연결되어 있는 전선이 모두 어디에 연결되어 있기 때문인지 쓰시오. [2점]

전지의 (   )극

(3) 전구에 불이 켜지게 하려면 전구는 전지에 어떻게 연결해야 하는지 쓰시오. [6점]

🐱 전구와 전지의 양 극이 모두 연결되어야 해요.
꼭 들어가야 할 말 (+)극 / (−)극

천재교육, 천재교과서, 미래엔, 아이스크림,

2 다음과 같이 전구의 연결 방법을 다르게 하여 전
회로를 연결하였습니다. [총 12점]

(1) 위에서 전구 두 개를 병렬연결한 것의 기호를 쓰시

(   )

(2) 위의 각 전기 회로의 전구 끼우개에 연결된 전 하나를 빼내고 스위치를 닫았을 때 ㉠과 ㉡의 전 회로의 나머지 전구는 어떻게 되는지 각각 쓰시오. [8

_____

_____

3 전자석의 성질을 알아보기 위해 다음과 같이 전자석 양 끝에 나침반을 놓았습니다. [총 12점]

S극   N극   ㉠   ㉡

(1) 위 전자석에서 전지의 극을 반대로 하였을 때 ㉠ ㉡의 전자석의 극을 각각 쓰시오. [4점]

㉠ (

㉡ (

(2) 위 (1)번의 답을 통해 알게 된 전자석의 성질을 쓰시
[8

_____

천재교과서, 금성, 동아, 아이스크림

오른쪽 스위치의 쓰임새로
옳은 것은 어느 것입니까?

( )

① 빛을 낸다.
② 전기 회로에 전기를 흐르게 한다.
③ 전기가 흐르는 길을 끊거나 연결한다.
④ 전선을 쉽게 연결할 수 있도록 전구를 넣어 사용
한다.
⑤ 전선을 쉽게 연결할 수 있도록 전지를 넣어 사용
한다.

천재교육, 천재교과서, 지학사

다음 보기 에서 전구에 불이 켜지는 전기 회로끼리
바르게 짝지은 것은 어느 것입니까? ( )

① ㉠, ㉡   ② ㉠, ㉢   ③ ㉠, ㉣
④ ㉡, ㉣   ⑤ ㉢, ㉣

천재교육, 천재교과서, 금성, 동아, 미래엔, 지학사

오른쪽의 전기 회로에서 전구에
불이 켜지게 하려면 어떻게 해야
합니까? ( )

① 전지와 전구 사이에 스위치를 연결한다.
② 전구의 한쪽을 전지의 (+)극과 연결한다.
③ 전구의 한쪽을 전지의 (−)극과 연결한다.
④ 전지 두 개를 서로 같은 극끼리 한 줄로 연결한다.
⑤ 전지 두 개를 서로 다른 극끼리 한 줄로 연결한다.

9종 공통

4 다음과 같이 전지, 전선, 전구 등 전기 부품을 서로 연결해
전기가 흐르도록 한 것을 무엇이라고 합니까?

( )

① 전류   ② 스위치
③ 전기 회로   ④ 전기 부품
⑤ 발광 다이오드

천재교과서, 금성

5 위 **4**번에서 전구의 밝기를 더 밝게 하는 방법으로 옳은
것은 어느 것입니까? ( )
① 전선의 길이를 길게 한다.
② 전선의 길이를 짧게 한다.
③ 전구를 한 개 더 연결한다.
④ 전지 두 개를 서로 같은 극끼리 한 줄로 연결한다.
⑤ 전지 두 개를 서로 다른 극끼리 한 줄로 연결한다.

천재교육, 천재교과서, 미래엔, 지학사

6 다음은 전구 두 개를 여러 가지 방법으로 연결한 전기
회로입니다. 스위치를 닫았을 때 전구의 밝기가 더 밝은
것끼리 바르게 짝지은 것은 어느 것입니까? ( )

① (가), (나)   ② (가), (다)   ③ (나), (다)
④ (나), (라)   ⑤ (다), (라)

천재교과서, 동아, 비상, 지학사

7 오른쪽 전기 회로의 전구 끼우개에 연결된 전구 한 개를 빼내고 스위치를 닫았을 때의 결과로 옳은 것은 어느 것입니까? ( )

① 전지가 더 빨리 소모된다.
② 나머지 전구에 불이 켜진다.
③ 나머지 전구에 불이 켜지지 않는다.
④ 나머지 전구의 밝기가 더 어두워진다.
⑤ 나머지 전구의 불이 켜졌다 꺼졌다 한다.

천재교육, 천재교과서, 금성, 김영사, 동아, 미래엔, 비상, 지학사

8 오른쪽의 전기 회로를 위 7번의 전기 회로와 비교한 것으로 옳은 것은 어느 것입니까? ( )

① 전구의 밝기가 더 밝다.
② 전구의 연결 방법이 같다.
③ 전지의 연결 방법이 다르다.
④ 전지를 더 오래 사용할 수 있다.
⑤ 전구 한 개를 빼냈을 때의 결과가 같다.

천재교육, 천재교과서, 금성, 동아, 미래엔, 아이스크림, 지학사

9 다음 보기 에서 전구의 연결 방법에 대한 설명으로 옳은 것을 모두 고른 것은 어느 것입니까? ( )

보기
㉠ 전구 두 개 이상을 한 줄로 연결하는 방법을 전구의 병렬연결이라고 합니다.
㉡ 같은 수의 전구를 직렬연결하면 병렬연결할 때보다 전구의 밝기가 어둡습니다.
㉢ 전구를 병렬연결했을 때 전구 한 개의 불이 꺼져도 나머지 전구의 불이 꺼지지 않습니다.

① ㉠   ② ㉠, ㉡   ③ ㉠, ㉢
④ ㉡, ㉢   ⑤ ㉠, ㉡, ㉢

금성

10 다음 중 전선 주위에서 나침반 바늘이 움직이는 방향에 영향을 주는 것은 어느 것입니까? ( )

① 전선의 색깔   ② 전선의 길이
③ 전지의 개수   ④ 나침반의 크기
⑤ 전지의 연결 방향

금성, 김영사, 미래엔, 비상, 아이스크림

11 다음은 전자석의 끝부분을 클립에 가까이 가져갈 때의 결과입니다. 이와 같은 결과가 나온 까닭으로 옳은 것은 어느 것입니까? ( )

스위치를 닫지 않았을 때	스위치를 닫았을 때
클립이 전자석에 붙지 않음.	클립이 전자석에 붙음.

① 전자석은 자석의 세기가 일정하다.
② 전자석은 자석의 극을 바꿀 수 있다.
③ 전자석은 자석의 극을 바꿀 수 없다.
④ 전자석은 항상 자석의 성질을 가지고 있다.
⑤ 전자석은 전기가 흐를 때만 자석의 성질이 나타난다.

천재교과서

12 다음 중 전자석의 끝부분에 붙은 짧은 빵 끈을 더 많이 붙게 하는 방법으로 옳은 것은 어느 것입니까?
( )

① 스위치를 연다.
② 전구를 연결한다.
③ 스위치를 열었다 닫았다를 반복한다.
④ 전지 한 개를 서로 다른 극끼리 한 줄로 더 연결한다.
⑤ 전지 한 개를 서로 같은 극끼리 한 줄로 더 연결한다.

9종 공통

13 오른쪽과 같이 전자석의 양 끝에 나침반을 놓아 두는 실험에 대한 설명으로 옳지 않은 것은 어느 것입니까? ( )

① 스위치를 닫으면 나침반 바늘이 전자석 쪽으로 움직인다.
② 나침반 바늘이 가리키는 방향을 통해 전자석의 극을 알 수 있다.
③ 스위치를 닫았을 때 나침반 바늘의 S극이 가리키는 쪽이 전자석의 N극이다.
④ 스위치를 닫았을 때 나침반 바늘의 N극이 가리키는 쪽이 전자석의 S극이다.
⑤ 전지의 극을 반대로 하고 스위치를 닫아도 나침반 바늘은 처음과 같이 움직인다.

9종 공통

14 다음 중 전자석의 극을 바꿀 수 있는 방법으로 옳은 것은 어느 것입니까? (   )

① 스위치를 열었다 닫는다.

② 전선의 길이를 길게 한다.

③ 전지의 연결 방향을 바꾼다.

④ 서로 다른 극끼리 연결한 전지의 개수를 다르게 한다.

⑤ 서로 같은 극끼리 연결한 전지의 개수를 다르게 한다.

9종 공통

15 다음 보기 에서 영구 자석과 다른 전자석의 성질끼리 바르게 짝지은 것은 어느 것입니까? (   )

보기
㉠ 자석의 세기가 일정합니다.
㉡ 고무로 된 물체가 붙습니다.
㉢ 자석의 세기를 조절할 수 있습니다.
㉣ 전기가 흐를 때만 자석의 성질이 나타납니다.

① ㉠, ㉡   ② ㉠, ㉢   ③ ㉠, ㉣

④ ㉡, ㉣   ⑤ ㉢, ㉣

천재교육, 천재교과서

16 다음 중 우리 생활에서 전자석을 이용한 것이 <u>아닌</u> 것은 어느 것입니까? (   )

① 자기 부상 열차   ② 스피커

③ 나침반   ④ 선풍기

⑤ 머리말리개

김영사

17 다음 중 전기를 안전하게 사용하는 방법을 바르게 말하지 <u>못한</u> 친구는 누구입니까? (   )

① 연우: 길게 늘어진 전선은 정리해야 해.

② 석진: 덮개가 있는 콘센트를 사용해야 해.

③ 수영: 젖은 손으로 플러그를 만지면 안 돼.

④ 경석: 물이 있는 곳에서 전기 제품을 사용하면 안 돼.

⑤ 미현: 하나의 콘센트에 여러 전기 제품의 플러그를 꽂아 사용해야 해.

천재교과서

18 다음 중 전기를 위험하게 사용하고 있는 모습으로 옳은 것은 어느 것입니까? (   )

① 젓가락을 콘센트에 넣는다.

② 냉장고 문을 자주 여닫는다.

③ 플러그의 머리 부분을 잡고 뽑는다.

④ 낮에 사용하지 않는 전등을 켜 둔다.

⑤ 물을 마실 때 냉장고 문을 열어 둔다.

9종 공통

19 다음 중 전기를 절약하는 방법으로 옳은 것은 어느 것입니까? (   )

① 빈 교실의 전등도 켜 둔다.

② 에어컨을 켤 때에는 문을 연다.

③ 사용하지 않는 전기 제품을 끈다.

④ 컴퓨터를 사용하는 시간을 늘린다.

⑤ 텔레비전을 사용하는 시간을 늘린다.

천재교과서, 금성, 미래엔, 비상, 지학사

20 다음 중 전기를 안전하게 사용하고 절약해야 하는 까닭으로 옳지 <u>않은</u> 것은 어느 것입니까? (   )

① 자원이 낭비될 수 있다.

② 감전 사고가 발생할 수 있다.

③ 전기 화재가 발생할 수 있다.

④ 환경 문제가 발생할 수 있다.

⑤ 풀과 나무가 잘 자랄 수 있다.

• 답안 입력하기   • 온라인 피드백 받기

❶ 태양 고도

뜻: 태양이 지표면과 이루는 각

측정 방법: 막대기 그림자 끝과 실이 이루는 각을 측정한다.

실

막대기

태양 고도

막대기의 그림자

＊ 중요한 내용을 정리해 보세요!

● 태양 고도란?

● 하루 동안 태양 고도 변화는?

개념 확인하기

정답 21

🖉 다음 문제를 읽고 답을 찾아 ☐ 안에 ✔표를 하시오.

1 태양 고도란 무엇입니까?

　　㉠ 태양이 떠오르는 방향 ☐

　　㉡ 태양이 지표면과 이루는 각 ☐

2 태양이 정남쪽에 위치했을 때를 무엇이라고 합니까?

　　㉠ 태양이 떴다. ☐

　　㉡ 태양이 졌다. ☐

　　㉢ 태양이 남중했다. ☐

3 태양이 뜨거나 질 때 태양 고도는 몇 도입니까?

　　㉠ 0° ☐　　㉡ 90° ☐

4 하루 중 태양 고도가 가장 높은 때는 언제입니까?

　　㉠ 9시 30분경 ☐

　　㉡ 12시 30분경 ☐

　　㉢ 14시 30분경 ☐

5 하루 동안 태양 고도가 높아지면 기온은 어떻게 변합니까

　　㉠ 대체로 높아진다. ☐

　　㉡ 대체로 낮아진다. ☐

계절별 태양의 남중 고도와 낮의 길이

※ 중요한 내용을 정리해 보세요!

● 계절별 태양의 남중 고도와 낮의 길이 변화는?

● 계절별 태양의 남중 고도와 낮의 길이 변화 관계는?

2 단원

개념 확인하기

정답 21쪽

다음 문제를 읽고 답을 찾아 ☐ 안에 ✔표를 하시오.

교실 안쪽까지 햇빛이 드는 계절은 언제입니까?

| ㉠ 여름 ☐ | ㉡ 겨울 ☐ |

태양의 남중 고도가 가장 높은 계절은 언제입니까?

| ㉠ 봄 ☐ | ㉡ 여름 ☐ |
| ㉢ 가을 ☐ | ㉣ 겨울 ☐ |

낮의 길이가 가장 긴 계절은 언제입니까?

| ㉠ 봄 ☐ | ㉡ 여름 ☐ |
| ㉢ 가을 ☐ | ㉣ 겨울 ☐ |

4 여름과 겨울에 낮의 길이는 어떻게 달라집니까?

㉠ 여름에 낮의 길이가 더 길다. ☐
㉡ 겨울에 낮의 길이가 더 길다. ☐
㉢ 계절에 관계없이 낮의 길이는 일정하다. ☐

5 태양의 남중 고도가 높아질수록 낮의 길이는 어떻게 달라집니까?

㉠ 짧아진다. ☐
㉡ 길어진다. ☐
㉢ 변화없다. ☐

1 다음은 ㉠~㉣ 중 어느 것에 대한 설명인지 기호를 쓰시오.

> • 태양이 지표면과 이루는 각입니다.
> • 하늘에 떠 있는 태양의 높이를 알 수 있습니다.

(   )

2 다음 ㉠~㉢ 중 태양 고도가 가장 높은 때의 태양의 위치를 골라 기호를 쓰시오.

(   )

3 다음 중 태양 고도가 더 높은 것을 골라 기호를 쓰시오.

(   )

4 다음 보기 에서 태양 고도에 대한 설명으로 옳은 것을 골라 기호를 쓰시오.

> **보기**
> ㉠ 태양이 서쪽 지평선으로 질 때 태양 고도는 90°입니다.
> ㉡ 태양이 동쪽 지평선에서 떠오를 때 태양 고도는 0°입니다.
> ㉢ 태양 고도는 하루 동안 계속 높아지다가 서쪽 하늘로 집니다.
> ㉣ 하루 중 태양 고도가 가장 높을 때 태양은 정동쪽에 위치합니다.

(   )

5 다음은 하루 동안 태양 고도와 그림자 길이, 기온 변화를 나타낸 그래프입니다. 이에 대한 설명으로 옳은 것은 어느 것입니까? (   )

① 기온은 12시 30분경에 가장 높다.
② 태양 고도는 14시 30분경에 가장 높다.
③ 태양 고도가 높아지면 기온이 낮아진다.
④ 그림자 길이는 12시 30분경에 가장 길다.
⑤ 태양 고도가 높아지면 그림자 길이가 짧아진다.

다음은 10시 30분에 측정한 태양 고도와 그림자 길이입니다. 2시간 후에 다시 측정했을 때 태양 고도와 그림자 길이 변화를 바르게 짝지은 것은 어느 것입니까?

(   )

측정 시각 (시:분)	태양 고도(°)	그림자 길이 (cm)
10:30	46	12

	태양 고도	그림자 길이
①	높아진다.	길어진다.
②	높아진다.	짧아진다.
③	낮아진다.	길어진다.
④	낮아진다.	짧아진다.
⑤	변화 없다.	변화 없다.

다음 중 우리나라에서 측정한 월별 태양의 남중 고도를 나타낸 그래프로 옳은 것은 어느 것입니까? (   )

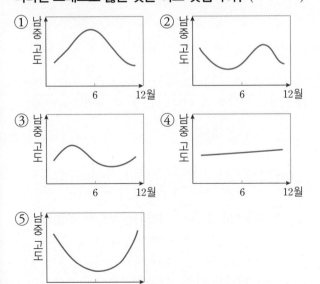

8 다음 보기 에서 태양의 남중 고도와 낮의 길이에 대한 설명으로 옳은 것을 골라 기호를 쓰시오.

보기
　㉠ 태양의 남중 고도가 높을수록 낮의 길이가 길어집니다.
　㉡ 태양의 남중 고도가 높을수록 낮의 길이가 짧아집니다.
　㉢ 태양의 남중 고도에 관계없이 낮의 길이는 항상 일정합니다.

(   )

2 단원

[9~10] 다음은 계절별 태양의 위치 변화를 나타낸 것입니다. 물음에 답하시오.

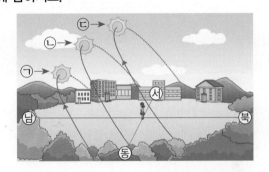

금성

9 위의 ㉠~㉢ 중 태양이 가장 북쪽으로 치우쳐서 뜨고, 가장 북쪽으로 치우쳐서 지는 계절의 태양의 위치 변화를 골라 기호를 쓰시오.

(   )

10 다음 중 위에서 태양의 위치 변화가 ㉠인 계절에 대한 설명으로 옳은 것은 어느 것입니까? (   )

① ㉡인 계절보다 기온이 높다.
② ㉡인 계절보다 낮의 길이가 길다.
③ ㉢인 계절보다 낮의 길이가 짧다.
④ ㉡인 계절보다 태양의 남중 고도가 높다.
⑤ ㉢인 계절보다 태양의 남중 고도가 높다.

❶ 계절에 따라 기온이 달라지는 까닭

까닭

계절에 따라 태양의 남중 고도가 달라지기 때문이다.

여름

태양의 남중 고도 ⬆ 높다.

기온 ⬆ 높다.

겨울

태양의 남중 고도 ⬇ 낮다.

기온 ⬇ 낮다.

✳ 중요한 내용을 정리해 보세요!

● 태양의 남중 고도와 지표면이 받는 태양 에너지양의 관계는?

● 계절에 따라 기온이 달라지는 까닭은?

개념 확인하기

정답 21

🖊 다음 문제를 읽고 답을 찾아 ☐ 안에 ✔표를 하시오.

1 태양의 남중 고도가 높아지면 일정한 면적의 지표면이 받는 태양 에너지양은 어떻게 달라집니까?

　　　㉠ 적어진다. ☐　　　㉡ 많아진다. ☐

2 일정한 면적의 지표면이 받는 태양 에너지양이 많아지면 기온은 어떻게 변합니까?

　　　㉠ 낮아진다. ☐　　　㉡ 높아진다. ☐

3 여름과 겨울 중 태양의 남중 고도가 높아 지표면에 도달하는 태양 에너지양이 많은 계절은 언제입니까?

　　　㉠ 여름 ☐　　　㉡ 겨울 ☐

4 여름과 겨울 중 기온이 더 높은 계절은 언제입니까?

　　　㉠ 여름 ☐　　　㉡ 겨울 ☐

5 계절에 따라 기온이 달라지는 까닭은 무엇입니까?

　　㉠ 태양의 남중 고도가 달라지기 때문이다. ☐

　　㉡ 태양의 남중 고도가 일정하기 때문이다. ☐

계절 변화가 생기는 까닭

봄

여름

가을

겨울

태양의 남중 고도가 높다.

태양의 남중 고도가 낮다.

지구의 자전축
공전 궤도면에 대하여 기울어져 있다.

계절이 변하는 까닭
지구의 자전축이 기울어진 채 태양 주위를 공전하기 때문이다.

✳ 중요한 내용을 정리해 보세요!

● 지구 자전축의 기울기에 따른 태양의 남중 고도 변화는?

● 계절 변화가 생기는 까닭은?

2 단원

개념 확인하기

정답 21쪽

1 다음 문제를 읽고 답을 찾아 ☐ 안에 ✔표를 하시오.

지구의 자전축은 공전 궤도면에 대하여 얼마나 기울어져 있습니까?

㉠ 수직이다. ☐

㉡ 23.5° 기울어져 있다. ☐

2 지구의 자전축이 기울어진 채 태양 주위를 공전할 때 지구의 위치에 따라 태양의 남중 고도 변화는 어떠합니까?

㉠ 달라진다. ☐

㉡ 달라지지 않는다. ☐

3 지구의 자전축이 기울어져 있지 않다면 계절 변화가 생깁니까, 생기지 않습니까?

㉠ 생긴다. ☐   ㉡ 생기지 않는다. ☐

4 북반구에 있는 우리나라가 겨울일 때 남반구에 있는 뉴질랜드의 태양의 남중 고도는 어떠합니까?

㉠ 낮다. ☐   ㉡ 높다. ☐

5 계절 변화가 생기는 까닭은 지구가 어떤 상태에서 공전하기 때문입니까?

㉠ 지구의 자전축이 기울어진 채 ☐

㉡ 지구의 자전축이 기울어지지 않은 채 ☐

[1~3] 다음은 태양의 남중 고도에 따른 태양 에너지양을 비교하기 위한 실험입니다. 물음에 답하시오.

ㄱ

ㄴ

프로펠러

프로펠러

🔺 전등과 태양 전지판이 이루는 각이 클 때

🔺 전등과 태양 전지판이 이루는 각이 작을 때

천재교육

1 위의 ㄱ과 ㄴ 중 전등 빛이 닿는 면적이 더 넓은 것을 골라 기호를 쓰시오.

( )

천재교육

2 다음 중 위 실험의 결과에 대한 설명으로 옳은 것은 어느 것입니까? ( )

① ㄱ 프로펠러의 바람의 세기가 더 세다.
② ㄴ 프로펠러의 바람의 세기가 더 세다.
③ ㄱ과 ㄴ 프로펠러의 바람의 세기는 같다.
④ ㄱ에서 태양 전지판이 받는 태양 에너지양이 더 적다.
⑤ ㄴ에서 태양 전지판이 받는 태양 에너지양이 더 많다.

3 다음은 위 실험 결과 알 수 있는 내용입니다. □ 안에 들어갈 알맞은 말을 쓰시오.

태양의 남중 고도가 높아지면 일정한 면적의 태양 전지판은 더 □ 양의 태양 에너지를 받습니다.

( )

천재교과서

4 다음은 우리나라에서 여름과 겨울에 지표면에 비치는 태양의 모습을 나타낸 것입니다. ㄱ과 ㄴ 중 여름에 해당하는 것을 골라 기호를 쓰시오.

ㄱ 태양

ㄴ

( )

5 다음은 태양의 남중 고도에 따라 태양 빛이 비추는 면적을 나타낸 것입니다. 태양의 남중 고도가 높을수록 기온이 높아지는 까닭으로 옳은 것을 보기 에서 골라 기호를 쓰시오.

태양

태양의 남중 고도가 높아짐.

보기
ㄱ 일정한 면적의 지표면에 도달하는 태양 에너지양이 적어지기 때문입니다.
ㄴ 일정한 면적의 지표면에 도달하는 태양 에너지양이 많아지기 때문입니다.
ㄷ 일정한 면적의 지표면에 도달하는 태양 에너지양이 모두 같기 때문입니다.

( )

6 다음 중 계절에 따라 기온이 달라지는 까닭으로 가장 옳은 것은 어느 것입니까? ( )

① 지구가 자전하기 때문이다.
② 계절에 따라 지구의 크기가 달라지기 때문이다.
③ 계절에 따라 태양의 남중 고도가 달라지기 때문이다.
④ 계절에 따라 지구 자전축의 기울기가 달라지기 때문이다.
⑤ 계절에 따라 지구와 태양 사이의 거리가 달라지기 때문이다.

8 다음 중 앞에서와 같이 지구본의 자전축을 기울인 채 공전시킬 때에 대한 설명으로 옳은 것은 어느 것입니까? ( )

① 전등 빛의 밝기가 밝아진다.
② 전등 빛의 밝기가 어두워진다.
③ 전등 빛의 남중 고도가 달라진다.
④ 지구본의 자전축 기울기가 점점 커진다.
⑤ 전등 빛의 남중 고도가 달라지지 않는다.

9 다음은 계절 변화가 생기는 까닭에 대한 설명입니다. □ 안에 들어갈 알맞은 말을 쓰시오.

지구의 자전축이 기울어진 채 태양 주위를 공전하면 지구의 위치에 따라 □□□이/가 달라지기 때문입니다.

( )

[7~8] 다음과 같이 지구본의 자전축을 기울인 채 전등 주위를 공전시키는 실험을 하였습니다. 물음에 답하시오.

위 실험에 대한 설명으로 옳지 않은 것을 다음 보기에서 골라 기호를 쓰시오.

보기
㉠ 지구본의 자전축을 23.5° 기울입니다.
㉡ 낮과 밤이 생기는 까닭을 알아보기 위한 실험입니다.
㉢ ㈎~㈒ 각 위치에서 전등 빛의 남중 고도를 측정합니다.

( )

10 다음에서 지구가 ㉠과 ㉡ 위치에 있을 때 북반구와 남반구에서의 계절을 각각 쓰시오.

구분	지구가 ㉠ 위치에 있을 때	지구가 ㉡ 위치에 있을 때
북반구	(1)	(2)
남반구	(3)	(4)

금성, 미래엔

연습 🦉 도움말을 참고하여 내 생각을 차근차근 써 보세요.

1 다음은 월별 태양의 남중 고도를 그래프로 나타낸 것입니다. [총 12점]

(1) 다음은 태양의 남중 고도에 대한 설명입니다. ( ) 안에 들어갈 알맞은 말에 ○표를 하시오. [2점]

> 태양이 (정남 / 정동)쪽 하늘에 위치했을 때 고도가 가장 높습니다. 이때는 (낮 12시 30분 / 오후 2시 30분) 무렵입니다. 이렇게 태양 고도가 가장 높을 때의 고도를 태양의 남중 고도라고 합니다.

(2) 위 그래프의 ㉠, ㉡에 해당하는 계절을 각각 쓰시오. [4점]

㉠ ( )

㉡ ( )

(3) 계절에 따라 태양의 남중 고도가 어떻게 달라지는지 쓰시오. [6점]

> 🦉 그래프를 보고 계절에 따라 태양의 남중 고도가 어떻게 변하는지 살펴보세요.
> **꼭 들어가야 할 말** 여름 / 겨울 / 높다 / 낮다 / 봄, 가을

_____

_____

2 다음은 태양의 남중 고도에 따른 기온 변화 비교하기 실험의 모습입니다. [총 12점]

㉠ ㉡

🔺 전등과 모래가 이루는 각이 클 때

🔺 전등과 모래가 이루는 각이 작을 때

(1) 위 실험에서 다르게 해야 할 조건을 쓰시오. [4점]

( )

(2) 위 실험을 통해 알 수 있는 태양의 남중 고도가 높을 때 기온이 높은 까닭은 무엇인지 쓰시오. [8점]

_____

_____

3 다음은 태양 주위의 지구의 모습을 나타낸 것입니다. 지구가 ㉠ 위치에 있을 때 북반구에서의 계절을 쓰고, 그렇게 생각한 까닭을 쓰시오. [8점]

_____

_____

9종 공통

1 다음 중 태양 고도에 대한 설명으로 옳지 <u>않은</u> 것은 어느 것입니까? (   )

① 태양의 높이를 나타낸다.
② 태양이 지표면과 이루는 각이다.
③ 하루 동안 태양 고도는 변하지 않는다.
④ 태양이 뜨거나 질 때 태양 고도는 0 °이다.
⑤ 태양이 정남쪽에 있을 때 태양 고도가 가장 높다.

9종 공통

2 다음 중 태양 고도 측정기를 이용하여 태양 고도를 측정하는 방법에 대한 설명으로 옳지 <u>않은</u> 것은 어느 것입니까? (   )

① 막대기를 수직으로 세운다.
② 바닥이 경사진 곳에서 측정한다.
③ 실을 너무 세게 잡아당기지 않는다.
④ 태양 빛이 잘 드는 곳에서 측정한다.
⑤ 막대기의 그림자 끝과 실이 이루는 각을 측정한다.

9종 공통

3 막대기와 실을 이용하여 태양 고도를 측정하였을 때, 태양 고도로 옳은 것은 어느 것입니까? (   )

① 10 °   ② 30 °
③ 60 °   ④ 90 °
⑤ 180 °

9종 공통

4 다음 중 그림자 길이가 가장 짧을 때는 언제입니까?

(   )

① 태양이 뜬 직후   ② 10시 30분경
③ 태양이 남중했을 때   ④ 14시 30분경
⑤ 태양이 지기 직전

9종 공통

5 다음은 태양 고도와 기온을 나타낸 그래프입니다. ㉠과 ㉡은 각각 무엇인지 차례로 나열한 것은 어느 것입니까? (   )

① 태양 고도, 그림자 길이
② 태양 고도, 기온
③ 그림자 길이, 기온
④ 기온, 태양 고도
⑤ 그림자 길이, 태양 고도

9종 공통

6 다음 중 오전 9시 30분부터 12시 30분까지 측정한 태양 고도와 그림자 길이 변화를 바르게 설명한 것은 어느 것입니까? (   )

① 태양 고도는 높아지고, 그림자 길이는 길어진다.
② 태양 고도는 높아지고, 그림자 길이는 짧아진다.
③ 태양 고도는 낮아지고, 그림자 길이는 길어진다.
④ 태양 고도는 낮아지고, 그림자 길이는 짧아진다.
⑤ 태양 고도와 그림자 길이는 변하지 않는다.

9종 공통

7 다음은 월별 낮의 길이 변화를 나타낸 그래프입니다. 낮의 길이가 가장 긴 계절과 가장 짧은 계절을 순서대로 바르게 짝지은 것은 어느 것입니까? (   )

① 봄, 가을   ② 봄, 겨울
③ 여름, 겨울   ④ 가을, 겨울
⑤ 겨울, 여름

8 다음 중 태양의 남중 고도가 높아질 때 낮의 길이 변화에 대한 설명으로 옳은 것은 어느 것입니까? (   )

9종 공통

① 짧아진다.

② 길어진다.

③ 짧아지다 길어진다.

④ 길어지다 짧아진다.

⑤ 변함없다.

[9~10] 다음은 계절별 태양의 위치 변화를 나타낸 것입니다. 물음에 답하시오.

9 다음 중 위의 ㉠과 ㉢에 해당하는 계절을 순서대로 바르게 나열한 것은 어느 것입니까? (   )

9종 공통

① 여름, 겨울   ② 겨울, 여름

③ 봄·가을, 여름   ④ 봄·가을, 겨울

⑤ 여름, 봄·가을

10 다음 중 위의 ㉠에서 ㉢으로 계절이 변할 때의 변화에 대한 설명으로 옳은 것은 어느 것입니까? (   )

9종 공통

① 기온이 낮아진다.

② 기온이 변하지 않는다.

③ 낮의 길이가 길어진다.

④ 밤의 길이가 길어진다.

⑤ 태양의 남중 고도가 낮아진다.

[11~12] 다음은 태양의 남중 고도에 따른 태양 에너지양을 비교하기 위한 실험입니다. 물음에 답하시오.

▲ 전등과 태양 전지판이 이루는 각이 클 때

▲ 전등과 태양 전지판이 이루는 각이 작을 때

천재교육

11 다음 중 위 실험에서 서로 다르게 해야 하는 조건은 어느 것입니까? (   )

① 전등의 종류

② 전등의 세기

③ 프로펠러의 종류

④ 태양 전지판의 크기

⑤ 전등과 태양 전지판이 이루는 각

천재교

12 다음 중 위 실험에 대한 설명으로 옳지 않은 것은 어느 것입니까? (   )

① 전등은 태양에 해당한다.

② 태양 전지판은 지표면을 나타낸다.

③ ㉠에서 프로펠러 바람의 세기가 더 세다.

④ ㉠은 태양의 남중 고도가 더 높은 것을 나타낸다.

⑤ ㉡에서 태양 전지판은 더 많은 양의 태양 에너지를 받는다.

천재교

13 다음은 여름과 겨울에 지표면에 비치는 태양 에너지의 모습을 순서에 관계없이 나타낸 것입니다. ㉠과 비교했을 때 ㉡에 대한 설명으로 옳지 않은 것은 어느 것입니까? (   )

① 기온이 더 높다.

② 여름에 해당한다.

③ 낮의 길이가 더 짧다.

④ 밤의 길이가 더 짧다.

⑤ 더 많은 양의 태양 에너지를 받는다.

14 다음 중 태양의 남중 고도가 높을 때 기온이 높은 까닭으로 옳은 것은 어느 것입니까? (   ) 9종 공통

① 밤의 길이가 길기 때문이다.

② 그림자 길이가 길기 때문이다.

③ 지구와 달 사이의 거리가 가깝기 때문이다.

④ 지구 자전축이 기울어진 방향이 바뀌기 때문이다.

⑤ 일정한 면적의 지표면이 받는 태양 에너지양이 많기 때문이다.

15 다음 중 계절에 대한 설명에서 □ 안에 들어갈 말로 옳은 것은 어느 것입니까? (   ) 9종 공통

> 계절에 따라 기온이 달라지는 까닭은 [   ] 이/가 달라지기 때문입니다.

① 태양의 크기   ② 태양의 모양

③ 태양의 남중 고도   ④ 태양과 달 사이의 거리

⑤ 지구와 달 사이의 거리

[16~17] 다음과 같이 지구본의 자전축 기울기를 다르게 하여 전등 주위를 공전시키는 실험을 하였습니다. 물음에 답하시오.

△ 지구본의 자전축을 기울이지 않은 채 공전시킬 때

△ 지구본의 자전축을 기울인 채 공전시킬 때

16 다음 중 위 실험에서 서로 다르게 해야 하는 조건은 어느 것입니까? (   ) 9종 공통

① 전등의 크기   ② 전등의 세기

③ 전등의 높이   ④ 지구본의 크기

⑤ 지구본의 자전축 기울기

17 다음 중 위 ㉠의 실험 결과에서 ㈎, ㈐의 위치에 해당하는 숫자를 순서대로 나열한 것은 어느 것입니까? (   ) 9종 공통

지구본의 위치	㈎	㈏	㈐	㈑
태양의 남중 고도(°)		52		52

① 29, 52   ② 29, 76   ③ 52, 52

④ 76, 29   ⑤ 76, 76

18 다음 중 지구의 자전축이 수직인 채 공전할 때 우리나라에서 일어날 수 있는 현상을 바르게 설명한 것은 어느 것입니까? (   ) 9종 공통

① 계절 변화가 나타난다.

② 일 년 내내 낮과 밤의 길이가 같다.

③ 봄과 겨울에 기온이 가장 높아진다.

④ 여름과 겨울이 서로 바뀌어 나타난다.

⑤ 계절별 태양의 남중 고도가 달라진다.

19 다음 중 계절 변화가 생기는 까닭에 대한 설명으로 가장 옳은 것은 어느 것입니까? (   ) 9종 공통

① 지구가 자전하기 때문이다.

② 지구가 회전하기 때문이다.

③ 지구 자전축이 기울어져 있지 않기 때문이다.

④ 지구 자전축이 기울어진 채 태양 주위를 공전하기 때문이다.

⑤ 지구 자전축이 기울어지지 않은 채 태양 주위를 공전하기 때문이다.

20 다음 중 지구가 ㉠ 위치에 있을 때 북반구에 대한 설명으로 가장 옳은 것은 어느 것입니까? (   ) 9종 공통

① 여름이다.

② 기온이 높다.

③ 낮의 길이가 길다.

④ 태양의 남중 고도가 높다.

⑤ 태양의 남중 고도가 낮다.

• 답안 입력하기   • 온라인 피드백 받기

❶ 물질이 탈 때 나타나는 현상

- 주변이 밝아지고 따뜻해진다.
- 물질이 빛과 열을 내면서 탄다.
- 물질의 양이 변한다.

초   알코올

물질이 탈 때 나타나는 현상을 이용하는 예: 케이크 위의 촛불, 강물 위에 뜬 유등, 가스레인지의 불꽃, 벽난로의 장작불 등

✳ 중요한 내용을 정리해 보세요!

● 초와 알코올이 탈 때 나타나는 공통적 현상은?

● 물질이 탈 때 발생하는 빛이나 열을 이용하 예는?

개념 확인하기

정답 24

🍃 다음 문제를 읽고 답을 찾아 ☐ 안에 ✔표를 하시오.

1 초가 탈 때 불꽃의 모습으로 옳은 것은 어느 것입니까?

㉠ 불꽃의 모양은 위아래로 길쭉한 모양이다. ☐

㉡ 불꽃의 색깔은 노란색 한 가지로만 보인다. ☐

2 알코올이 탈 때 시간이 지날수록 알코올의 양은 어떻게 됩니까?

㉠ 줄어든다. ☐

㉡ 늘어난다. ☐

㉢ 변하지 않는다. ☐

3 초와 알코올이 탈 때 더 밝은 부분은 어느 것입니까?

㉠ 불꽃의 윗부분 ☐

㉡ 불꽃의 아랫부분 ☐

4 물질이 탈 때 공통적으로 나타나는 현상은 무엇입니까

㉠ 빛과 열이 발생한다. ☐

㉡ 주변이 밝아지지만 온도는 변하지 않는다. ☐

5 물질이 탈 때 나타나는 현상을 이용하는 예는 무 입니까?

㉠ 벽난로 ☐   ㉡ 형광등 ☐

물질이 탈 때 필요한 것

발화점: 어떤 물질이 불에 직접 닿지 않아도 스스로 타기 시작하는 온도

연소: 물질이 산소와 만나 빛과 열을 내는 현상

✳ 중요한 내용을 정리해 보세요!

● 초가 탈 때 필요한 기체는?

● 발화점이란?

● 연소의 조건 세 가지는?

3 단원

개념 확인하기

정답 24쪽

) 다음 문제를 읽고 답을 찾아 ☐ 안에 ✔표를 하시오.

초 두 개에 불을 붙이고 크기가 다른 아크릴 통으로 촛불을 동시에 덮었을 때 먼저 꺼지는 것은 어느 것입니까?

ㄱ 큰 아크릴 통으로 덮은 촛불 ☐

ㄴ 작은 아크릴 통으로 덮은 촛불 ☐

초가 타고 난 후 아크릴 통 안에 들어 있는 산소 비율은 초가 타기 전에 비해 어떻게 됩니까?

ㄱ 줄어든다. ☐

ㄴ 늘어난다. ☐

3 물질이 연소할 때 필요한 기체는 무엇입니까?

ㄱ 산소 ☐   ㄴ 이산화 탄소 ☐

4 구리판의 원 위에 올려놓고 구리판의 가운데를 가열했을 때 먼저 불이 붙는 것은 어느 것입니까?

ㄱ 향 ☐   ㄴ 성냥 머리 부분 ☐

5 물질에 따라 불이 붙는 데 걸리는 시간이 다른 까닭은 무엇입니까?

ㄱ 물질의 무게가 다르기 때문이다. ☐

ㄴ 물질마다 발화점이 다르기 때문이다. ☐

천재교육, 천재교과서, 동아, 지학사

[1~2] 다음은 초와 알코올이 타는 모습입니다. 물음에 답하시오.

△ 초

△ 알코올

1 다음 보기 에서 초가 타는 모습을 관찰한 결과로 옳은 것을 두 가지 골라 기호를 쓰시오.

보기
ㄱ 심지 주변이 볼록해집니다.
ㄴ 초가 녹아 촛농이 흘러내립니다.
ㄷ 시간이 지나도 초의 길이는 변하지 않습니다.
ㄹ 불꽃의 색깔은 노란색, 붉은색 등 다양합니다.

(　　 , 　　)

2 다음 중 초와 알코올이 탈 때 나타나는 공통적인 현상 으로 옳지 않은 것은 어느 것입니까? (　　)
① 주변이 밝아지고 따뜻해진다.
② 물질이 빛과 열을 내면서 탄다.
③ 불꽃의 모양은 위아래로 길쭉한 모양이다.
④ 불꽃의 위치에 관계없이 밝기가 일정하다.
⑤ 손을 불꽃에 가까이하면 손이 따뜻해진다.

3 다음 중 물질이 탈 때 나타나는 현상을 이용하는 예에 대해 잘못 말한 친구의 이름을 쓰시오.

현재: 가스레인지의 불을 이용해 음식을 익혀.
민지: 어두운 밤에 형광등을 켜면 방 안이 밝아져.
정현: 어두운 밤 강물 위에 뜬 유등을 보면 주변이 밝아져.

(　　　　)

4 다음 실험에 대한 설명으로 옳은 것을 두 가지 고르 시오. (　　 , 　　)

초 두 개에 불을 붙이고 크기가 다른 아크릴 통으로 촛불을 동시에 덮은 후 촛불이 어떻게 되는지 관찰해 봅니다.

① 실험에서 다르게 한 조건은 촛불의 크기이다.
② 실험 결과 ㉠ 촛불이 ㉡ 촛불보다 먼저 꺼진다.
③ 실험 결과 ㉡ 촛불이 ㉠ 촛불보다 먼저 꺼진다.
④ ㉠ 아크릴 통보다 ㉡ 아크릴 통 안에 공기가 더 많이 들어 있다.
⑤ ㉠ 아크릴 통과 ㉡ 아크릴 통 안에 들어 있는 공기의 양은 같다.

천재교과서, 지학사

5 다음은 초가 타기 전과 타고 난 후 아크릴 통 안에 들어 있는 공기 중의 산소 비율을 측정한 모습입니다. 이와 같은 결과를 통해 알 수 있는 초가 탈 때 필요한 것은 무엇인지 쓰시오.

약 21 %

△ 초가 타기 전 아크릴 통 안의 산소 비율

약 17 %

△ 초가 타고 난 후 아크릴 통 안의 산소 비율

(　　　　)

[6~7] 다음은 성냥 머리 부분과 향을 구리판의 원 위에 올려놓고 알코올램프로 구리판의 가운데 부분을 가열하는 모습입니다. 물음에 답하시오.

성냥 머리 부분   향

천재교과서, 지학사

다음 중 위 실험 결과에 대한 설명으로 옳은 것은 어느 것입니까? (   )

① 향에 먼저 불이 붙는다.
② 성냥 머리 부분에 먼저 불이 붙는다.
③ 성냥 머리 부분과 향에 동시에 불이 붙는다.
④ 성냥 머리 부분과 향에 모두 불이 붙지 않는다.
⑤ 향에는 불이 붙지만 성냥 머리 부분에는 불이 붙지 않는다.

천재교과서, 지학사

다음 중 위 6번 답과 같은 결과가 나타나는 까닭에 대한 설명으로 옳은 것은 어느 것입니까? (   )

① 향의 무게가 성냥 머리 부분의 무게보다 가볍기 때문이다.
② 성냥 머리 부분이 향보다 불이 붙는 온도가 낮기 때문이다.
③ 성냥 머리 부분이 향보다 불이 붙는 온도가 높기 때문이다.
④ 향과 성냥 머리 부분에 직접 불을 붙이지 않았기 때문이다.
⑤ 성냥 머리 부분이 향보다 알코올램프의 불꽃으로부터 가까이 있기 때문이다.

8 다음 ☐ 안에 들어갈 알맞은 말을 쓰시오.

어떤 물질이 불에 직접 닿지 않아도 스스로 타기 시작하는 온도를 그 물질의 ☐☐☐(이)라고 합니다.

(   )

천재교육, 천재교과서, 금성, 김영사, 동아, 비상, 지학사

9 다음 보기 에서 불을 직접 붙이지 않고 물질을 태우는 방법을 바르게 짝지은 것은 어느 것입니까? (   )

보기
㉠ 점화기로 불 붙이기
㉡ 성냥불로 불 붙이기
㉢ 부싯돌에 철 마찰하기
㉣ 볼록 렌즈로 햇빛 모으기

① ㉠, ㉡   ② ㉢, ㉣
③ ㉠, ㉡, ㉢   ④ ㉠, ㉢, ㉣
⑤ ㉡, ㉢, ㉣

10 다음 중 연소의 조건에 대한 설명으로 옳은 것을 두 가지 고르시오. (,   )

① 탈 물질과 산소만 있으면 연소가 일어난다.
② 연소가 일어나려면 탈 물질에 직접 불을 붙여야 한다.
③ 연소가 일어나는 온도는 물질의 종류에 관계없이 모두 같다.
④ 산소가 없으면 탈 물질이 있더라도 연소가 일어나지 않는다.
⑤ 연소가 일어나려면 탈 물질, 산소, 발화점 이상의 온도가 필요하다.

3 단원

① 물질이 연소한 후 생기는 것

* 중요한 내용을 정리해 보세요!

● 초가 연소한 후 생성되는 물질은?

● 초가 연소한 후 무게가 줄어드는 까닭은?

개념 확인하기

정답 24

🌱 다음 문제를 읽고 답을 찾아 ☐ 안에 ✔표를 하시오.

1 푸른색 염화 코발트 종이가 물에 닿았을 때의 색깔 변화로 옳은 것은 어느 것입니까?

　㉠ 붉은색으로 변한다. ☐

　㉡ 색깔이 변하지 않는다. ☐

2 안쪽 벽면에 푸른색 염화 코발트 종이를 붙인 아크릴 통으로 촛불을 덮은 후 촛불이 꺼졌을 때 푸른색 염화 코발트 종이의 색깔 변화로 옳은 것은 어느 것입니까?

　㉠ 붉은색으로 변한다. ☐

　㉡ 색깔이 변하지 않는다. ☐

3 초를 연소시킨 아크릴 통에 석회수를 부어 살짝 흔들었을 때 석회수의 변화로 옳은 것은 어느 것입니까?

　㉠ 뿌옇게 흐려진다. ☐

　㉡ 붉은색으로 변한다. ☐

4 석회수가 뿌옇게 흐려지는 것을 통해 확인할 수 있는 물질은 무엇입니까?

　㉠ 물 ☐　　　　㉡ 이산화 탄소 ☐

5 알코올이 연소한 후 생성되는 물질은 무엇입니까?

　㉠ 물, 산소 ☐　　　㉡ 물, 이산화 탄소 ☐

소화 방법

발화점 미만으로
온도 낮추기

산소 공급
막기

소화
방법

탈 물질
없애기

소화

연소가 일어날 때 한 가지 이상의 연소 조건을 없애
불을 끄는 것

✳ 중요한 내용을 정리해 보세요!

● 소화란?

● 소화의 조건 세 가지는?

3
단원

개념 확인하기

정답 24쪽

) 다음 문제를 읽고 답을 찾아 ☐ 안에 ✔표를 하시오.

촛불을 입으로 불면 꺼지는 까닭은 무엇입니까?

   ㉠ 탈 물질이 없어지기 때문이다. ☐

   ㉡ 산소가 공급되지 않기 때문이다. ☐

산소 공급을 막아 촛불을 끄는 방법은 어느 것입니까?

   ㉠ 촛불을 컵으로 덮기 ☐

   ㉡ 촛불에 분무기로 물 뿌리기 ☐

   ㉢ 초의 심지를 핀셋으로 집기 ☐

3 촛불에 모래를 뿌려 불을 끄는 것은 무엇의 공급을 막아 불을 끄는 것입니까?

   ㉠ 산소 ☐   ㉡ 이산화 탄소 ☐

4 발화점 미만으로 온도를 낮춰 불을 끄는 경우는 어느 것입니까?

   ㉠ 소화전을 이용해 물 뿌리기 ☐

   ㉡ 가스레인지의 연료 조절 밸브 잠그기 ☐

5 소화가 일어나려면 온도를 어떻게 해야 합니까?

   ㉠ 발화점 이상으로 높인다. ☐

   ㉡ 발화점 미만으로 낮춘다. ☐

1 다음 보기 에서 푸른색 염화 코발트 종이에 대한 설명으로 옳지 <u>않은</u> 것을 골라 기호를 쓰시오.

푸른색 염화 코발트 종이 →

보기
㉠ 푸른색 염화 코발트 종이는 물에 닿으면 붉은색으로 변합니다.
㉡ 푸른색 염화 코발트 종이는 손으로 만지지 않도록 합니다.
㉢ 푸른색 염화 코발트 종이를 집을 때는 핀셋을 이용합니다.
㉣ 푸른색 염화 코발트 종이는 공기 중의 수분을 만나면 하얀색으로 변합니다.

(   )

2 다음은 초가 연소한 후 생성되는 물질을 확인하기 위한 실험입니다. ㉠과 ㉡에 들어갈 알맞은 말을 각각 쓰시오.

• 실험 방법: 안쪽 벽면에 푸른색 염화 코발트 종이를 붙인 아크릴 통으로 촛불을 덮고, 촛불이 꺼지면 푸른색 염화 코발트 종이의 색깔 변화를 관찰합니다.

푸른색 염화 코발트 종이

셀로판 테이프

• 실험 결과: 푸른색 염화 코발트 종이가 ㉠ 색으로 변합니다.
• 알게 된 점: 초가 연소한 후에 ㉡ 이/가 생성됩니다.

㉠ (   )
㉡ (   )

[3~4] 초에 불을 붙이고 아크릴 통으로 촛불을 덮은 후, 촛불이 꺼지고 나서 오른쪽과 같이 아크릴 통에 석회수를 붓고 살짝 흔들면서 변화를 관찰해 보았습니다. 물음에 답하시오.

석회수

3 다음 중 위 실험 결과에 대해 바르게 말한 친구의 이름을 쓰시오.

서진: 석회수에 기포가 생겨.
준재: 석회수가 뿌옇게 흐려져.
동우: 석회수가 붉은색으로 변해.
송현: 석회수가 푸른색으로 변해.

(   )

4 초가 연소한 후 생성되는 물질 중 위 실험을 통해 확인할 수 있는 것은 어느 것입니까 (   )
① 물   ② 산소
③ 질소   ④ 알코올
⑤ 이산화 탄소

천재교육, 천재교과서, 미래엔, 지학

5 다음 중 오른쪽과 같이 알코올이 연소한 후 생성되는 물질끼리 바르게 짝지은 것은 어느 것입니까? (   )

① 물, 산소
② 물, 이산화 탄소
③ 산소, 이산화 탄소
④ 석회수, 이산화 탄소
⑤ 물, 산소, 이산화 탄소

[6~7] 다음은 여러 가지 방법으로 촛불을 끄는 모습입니다. 물음에 답하시오.

↟ 촛불을 입으로 불기

↟ 촛불에 물 뿌리기

↟ 촛불을 컵으로 덮기

↟ 초의 심지를 핀셋으로 집기

6 다음 중 위에서 탈 물질을 없애 불을 끄는 경우를 바르게 짝지은 것은 어느 것입니까? (   )

① ㉠, ㉡   ② ㉠, ㉢
③ ㉠, ㉣   ④ ㉡, ㉣
⑤ ㉢, ㉣

7 다음은 일상생활에서 볼 수 있는 소화 방법입니다. 위에서 이와 같은 방법으로 불을 끄는 경우를 골라 기호를 쓰시오.

↟ 알코올램프의 뚜껑 덮기

↟ 소화제 뿌리기

(   )

8 다음과 같이 소화전을 이용해 물을 뿌려 불을 끌 수 있는 까닭으로 옳은 것은 어느 것입니까? (   )

① 산소가 공급되기 때문이다.
② 탈 물질이 없어지기 때문이다.
③ 산소가 공급되지 않기 때문이다.
④ 온도가 발화점 이상으로 높아지기 때문이다.
⑤ 온도가 발화점 미만으로 낮아지기 때문이다.

9 다음에서 설명하는 것은 어느 것입니까? (   )

연소가 일어날 때 한 가지 이상의 연소 조건을 없애 불을 끄는 것입니다.

① 가열   ② 화재
③ 발화점   ④ 소화
⑤ 탈 물질

천재교육, 천재교과서, 금성, 미래엔, 지학사

10 다음은 소화기 사용 방법을 순서에 관계없이 나타낸 것입니다. 순서에 맞게 기호를 쓰시오.

㉠ 손잡이 부분의 안전핀을 뽑습니다.
㉡ 불이 난 곳으로 소화기를 옮깁니다.
㉢ 소화기의 손잡이를 힘껏 움켜쥐고 불을 끕니다.
㉣ 바람을 등지고 선 후 호스의 끝부분을 잡고 불이 난 방향으로 향하게 합니다.

(   ) → (   ) → (   ) → (   )

연습 🐱 도움말을 참고하여 내 생각을 차근차근 써 보세요.

1 다음은 초와 알코올이 타는 모습입니다. [총 12점]

△ 초가 타는 모습   △ 알코올이 타는 모습

(1) 위의 초와 알코올이 타는 모습에서 불꽃의 모양은 공통적으로 어떠한지 쓰시오. [2점]

위아래로 (   )

(2) 위에서 불꽃에 손을 가까이 했을 때 손의 느낌은 공통적으로 어떠한지 쓰시오. [4점]

(   )

(3) 위에서 초와 알코올에 불을 붙이기 전과 불을 끈 후의 무게 변화를 비교하여 쓰시오. [6점]

> 🐱 초와 알코올이 타면 물질의 양이 변해요.
> **꼭 들어가야 할 말** 불을 끈 후 / 줄어든다

_____

_____

2 다음과 같이 푸른색 염화 코발트 종이를 붙인 아크릴 통으로 촛불을 덮었습니다. [총 12점]

푸른색 염화 코발트 종이

(1) 촛불이 꺼지고 난 후 위의 푸른색 염화 코발트 종이에 나타나는 변화를 쓰시오. [4점]

(   )

(2) 위 (1)번 답의 푸른색 염화 코발트 종이의 변화를 통해 알 수 있는 점을 초가 연소한 후 생기는 물질과 관련하여 쓰시오. [8점]

_____

_____

3 다음과 같이 가스레인지의 연료 조절 밸브를 잠그면 불이 꺼지는 까닭을 연소의 조건과 관련지어 쓰시오. [8점]

_____

_____

풀이 강의

9종 공통

오른쪽과 같이 초가 탈 때 불꽃이 타는 모습과 불꽃의 밝기를 관찰한 결과로 옳은 것은 어느 것입니까? ( )

① 불꽃의 모양은 동그란 모양이다.
② 불꽃의 색깔은 거의 푸른색으로 보인다.
③ 불꽃의 윗부분은 어둡고, 아랫부분은 밝다.
④ 불꽃의 색깔은 노란색, 붉은색 등 다양하게 보인다.
⑤ 불꽃의 윗부분과 아랫부분의 밝기는 비슷하게 보인다.

9종 공통

오른쪽과 같이 알코올이 탈 때 시간이 지남에 따른 알코올의 변화를 관찰한 결과로 옳은 것은 어느 것입니까? ( )

① 기포가 생긴다.
② 양이 늘어난다.
③ 양이 줄어든다.
④ 뿌옇게 흐려진다.
⑤ 아무런 변화가 없다.

9종 공통

다음 중 물질이 탈 때 나타나는 공통적인 현상으로 옳은 것은 어느 것입니까? ( )

① 주변이 어두워진다.
② 주변이 차가워진다.
③ 빛과 열이 발생한다.
④ 물질의 양이 변하지 않는다.
⑤ 불꽃의 아랫부분이 윗부분보다 뜨겁다.

9종 공통

4 다음 중 물질이 타면서 발생하는 빛과 열을 이용하는 예가 <u>아닌</u> 것은 어느 것입니까? ( )

① 석유등으로 어두운 곳을 밝힌다.
② 가스레인지를 켜서 요리를 한다.
③ 캠핑을 가서 숯불에 고기를 구워 먹는다.
④ 공부할 때 스탠드를 켜서 책상을 밝힌다.
⑤ 아궁이에서 나무를 이용하여 난방을 한다.

미래엔

5 다음 중 동시에 불을 붙였을 때 가장 오래 타는 것은 어느 것입니까? ( )

① 양초 점토 1.2 g으로 만든 초
② 양초 점토 2.4 g으로 만든 초
③ 양초 점토 4.8 g으로 만든 초
④ 양초 점토 7.2 g으로 만든 초
⑤ 양초 점토 9.6 g으로 만든 초

9종 공통

6 다음 중 물질이 산소와 빠르게 반응하여 빛과 열을 내는 현상을 무엇이라고 합니까? ( )

① 소화   ② 연소   ③ 그을음
④ 발화점   ⑤ 알코올

9종 공통

7 오른쪽과 같이 초에 불을 붙이고 아크릴 통으로 덮으면 초가 남아 있어도 촛불이 꺼지는 까닭으로 옳은 것은 어느 것입니까? ( )

① 촛농이 생기기 때문이다.
② 산소가 없어지기 때문이다.
③ 탈 물질이 없어지기 때문이다.
④ 이산화 탄소가 없어지기 때문이다.
⑤ 아크릴 통 안의 온도가 높아지기 때문이다.

3
단원

천재교과서, 지학사

[8~9] 오른쪽과 같이 초 두 개에 불을 붙이고 작은 아크릴 통과 큰 아크릴 통으로 촛불을 동시에 덮었습니다. 물음에 답하시오.

천재교육, 천재교과서, 동아, 지학사

8 다음 중 위 실험에서 같게 한 조건이 <u>아닌</u> 것은 어느 것입니까? (   )

① 초의 크기

② 심지의 길이

③ 아크릴 통의 크기

④ 아크릴 통으로 촛불을 덮는 시간

⑤ 초에 불을 붙였을 때 촛불의 크기

천재교육, 천재교과서, 동아, 지학사

9 다음은 위 실험 결과에 대한 설명입니다. ㉠과 ㉡에 들어갈 알맞은 말을 바르게 짝지은 것은 어느 것입니까? (   )

> 큰 아크릴 통보다 작은 아크릴 통 안에 ㉠
> 이/가 더 적게 들어 있기 때문에 작은 아크릴 통
> 안의 촛불이 ㉡ 꺼집니다.

	㉠	㉡		㉠	㉡
①	산소	먼저	②	산소	나중에
③	수증기	먼저	④	탈 물질	먼저
⑤	탈 물질	나중에			

천재교육, 비상

10 오른쪽과 같이 성냥 머리 부분을 핫플레이트 위의 철판에 올려놓고 가열하는 실험을 통해 확인할 수 있는 연소의 조건은 어느 것입니까? (   )

성냥 머리 부분

① 산소

② 탈 물질

③ 빛과 열

④ 발화점 이상의 온도

⑤ 발화점 미만의 온도

천재교과서, 지학사

11 다음과 같이 성냥 머리 부분과 향을 구리판의 원 위에 올려놓고 알코올램프로 구리판의 가운데 부분을 가열하는 실험의 결과로 옳은 것은 어느 것입니까?

(   )

성냥 머리 부분   향

① 향에 불이 먼저 붙는다.

② 성냥 머리 부분에 불이 먼저 붙는다.

③ 구리판의 온도는 일정하게 유지된다.

④ 성냥 머리 부분과 향에 동시에 불이 붙는다.

⑤ 성냥 머리 부분과 향 모두 불이 붙지 않는다.

9종 공

12 다음 중 발화점에 대한 설명으로 옳은 것은 어느 것입니까? (   )

① 발화점이 낮으면 불이 잘 붙지 않는다.

② 발화점은 물질의 종류에 관계없이 모두 같다.

③ 물질이 불에 직접 닿아 타기 시작하는 온도이다.

④ 온도가 발화점에 도달하지 않아도 물질이 탈 수 있다.

⑤ 물질이 불에 직접 닿지 않아도 스스로 타기 시작하는 온도이다.

9종 공

13 다음 중 보기 에서 연소의 조건을 바르게 짝지은 것은 어느 것입니까? (   )

> **보기**
> ㉠ 산소   ㉡ 탈 물질
> ㉢ 이산화 탄소   ㉣ 발화점 이상의 온도

① ㉠, ㉢   ② ㉡, ㉢

③ ㉢, ㉣   ④ ㉠, ㉡, ㉣

⑤ ㉡, ㉢, ㉣

14 9종 공통

다음 중 푸른색 염화 코발트 종이로 물질을 확인할 때 이용되는 성질에 대한 설명으로 옳은 것은 어느 것입니까? (   )

① 물에 닿으면 하얀색으로 변하는 성질
② 물에 닿으면 붉은색으로 변하는 성질
③ 산소에 닿으면 노란색으로 변하는 성질
④ 산소에 닿으면 붉은색으로 변하는 성질
⑤ 이산화 탄소에 닿으면 색깔이 없어지는 성질

15 9종 공통

오른쪽과 같이 푸른색 염화 코발트 종이를 붙인 아크릴 통으로 촛불을 덮은 후 촛불이 꺼졌을 때 염화 코발트 종이의 색깔 변화를 바르게 나타낸 것은 어느 것입니까? (   )

① 변하지 않는다.
② 푸른색 → 하얀색
③ 푸른색 → 노란색
④ 푸른색 → 붉은색
⑤ 푸른색 → 연녹색

6 9종 공통

다음 중 투명한 석회수를 뿌옇게 만드는 성질이 있는 것은 어느 것입니까? (   )

① 물   ② 산소   ③ 질소
④ 알코올   ⑤ 이산화 탄소

7 9종 공통

다음은 연소의 조건 중 한 가지를 없애서 불을 끄는 방법입니다. 연소의 조건과 방법을 잘못 짝지은 것은 어느 것입니까? (   )

① 흙이나 모래로 덮기: 산소 공급 막기
② 연료 조절 밸브 잠그기: 탈 물질 없애기
③ 물 뿌리기: 발화점 미만으로 온도 낮추기
④ 알코올램프의 뚜껑 닫기: 산소 공급 막기
⑤ 촛불을 입으로 불기: 발화점 미만으로 온도 낮추기

18 9종 공통

다음과 같이 아로마 향초의 심지를 핀셋으로 집어 불을 끌 수 있는 까닭으로 옳은 것은 어느 것입니까?
(   )

① 탈 물질이 없어지기 때문이다.
② 산소가 공급되지 않기 때문이다.
③ 이산화 탄소가 공급되지 않기 때문이다.
④ 발화점 미만으로 온도가 낮아지기 때문이다.
⑤ 발화점 이상으로 온도가 높아지기 때문이다.

19 9종 공통

다음 중 물로 불을 끌 수 없는 연소 물질끼리 바르게 짝지은 것은 어느 것입니까? (   )

① 나무, 종이   ② 나무, 기름
③ 전기, 가스   ④ 나무, 전기
⑤ 섬유, 가스

3
단원

진도 완료 체크

20 9종 공통

다음 중 화재가 발생했을 때의 대처 방법으로 옳은 것은 어느 것입니까? (   )

① 나무로 된 책상 아래로 들어간다.
② 아래층으로 이동할 때에는 승강기를 이용한다.
③ 아래층으로 대피할 수 없을 때에는 옥상으로 대피한다.
④ 연기가 많은 곳에서는 숨을 크게 쉬면서 재빨리 뛰어서 이동한다.
⑤ 밖으로 대피하기 어려울 때에는 연기가 방 안에 들어오더라도 가만히 기다린다.

・답안 입력하기   ・온라인 피드백 받기

4. 우리 몸의 구조와 기능(1)

① 운동 기관

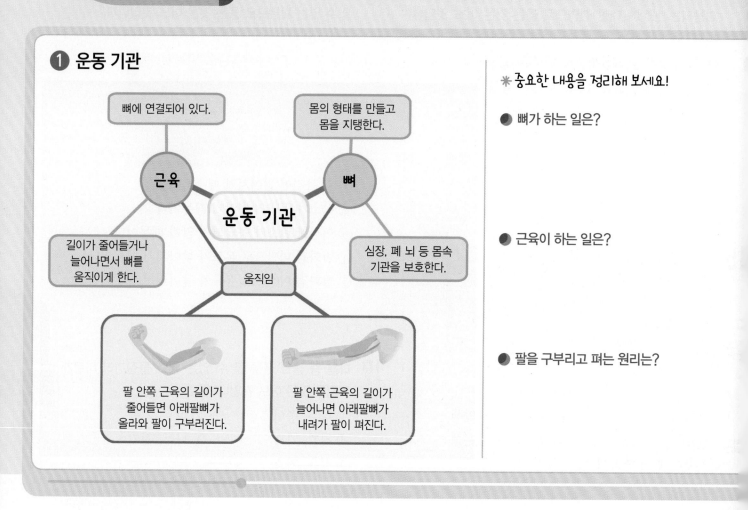

* 중요한 내용을 정리해 보세요!

● 뼈가 하는 일은?

● 근육이 하는 일은?

● 팔을 구부리고 펴는 원리는?

개념 확인하기

정답 27쪽

🌱 다음 문제를 읽고 답을 찾아 ☐ 안에 ✔표를 하시오.

1 우리 몸의 형태를 만들고 몸을 지탱하는 것은 무엇입니까?

ㄱ 뇌 ☐   ㄴ 뼈 ☐
ㄷ 피부 ☐   ㄹ 심장 ☐

2 뼈가 하는 일은 무엇입니까?

ㄱ 심장, 폐, 뇌 등 몸속 기관을 보호한다. ☐
ㄴ 심장, 폐, 뇌 등 몸속 기관을 움직이게 한다. ☐

3 근육은 어떻게 뼈를 움직이게 합니까?

ㄱ 길이가 변하면서 뼈를 움직이게 한다. ☐
ㄴ 무게가 변하면서 뼈를 움직이게 한다. ☐

4 팔 안쪽 근육의 길이가 줄어들 때 아래팔뼈는 어떻게 움직입니까?

ㄱ 올라온다. ☐   ㄴ 내려간다. ☐

5 팔을 구부렸다가 펼 때 팔 안쪽 근육의 길이는 어떻게 변합니까?

ㄱ 줄어든다. ☐   ㄴ 늘어난다. ☐

소화 기관 / 호흡 기관 / 순환 기관 / 배설 기관

소화 기관

음식물이 위로 이동하는 통로이다.

입 → 식도 → 위 → 작은창자 → 큰창자 → 항문

음식물 찌꺼기의 수분을 흡수한다.

소화를 돕는 액체를 분비한다.

호흡 기관

코 ⇄ 기관 ⇄ 기관지 ⇄ 폐

공기가 이동하는 통로이다.

산소를 받아들이고, 이산화 탄소를 내보낸다.

순환 기관

혈액이 이동하는 통로이다.

심장 · 혈관 · 혈액

펌프 작용을 한다.

영양소와 산소를 운반한다.

배설 기관

혈액 속 노폐물을 거른다.

콩팥 → 방광

노폐물을 모았다가 몸 밖으로 내보낸다.

✳ 중요한 내용을 정리해 보세요!

● 소화 기관의 종류는?

● 호흡 기관의 종류는?

● 순환 기관의 종류는?

● 배설 기관의 종류는?

4
단원

개념 확인하기

정답 27쪽

) 다음 문제를 읽고 답을 찾아 ☐ 안에 ✔표를 하시오.

소화 기관 중 음식물이 위로 이동하는 통로는 무엇입니까?

㉠ 식도 ☐   ㉡ 항문 ☐
㉢ 큰창자 ☐   ㉣ 작은창자 ☐

큰창자가 하는 일은 무엇입니까?

㉠ 음식물을 잘게 쪼갠다. ☐
㉡ 음식물 찌꺼기의 수분을 흡수한다. ☐

3 코, 기관, 기관지, 폐는 우리 몸의 어떤 기관입니까?

㉠ 호흡 기관 ☐   ㉡ 배설 기관 ☐

4 심장은 어떤 작용으로 혈액을 순환시킵니까?

㉠ 흡수 작용 ☐   ㉡ 펌프 작용 ☐

5 배설 기관 중 혈액 속의 노폐물을 걸러 오줌으로 만드는 기관은 무엇입니까?

㉠ 방광 ☐   ㉡ 콩팥 ☐   ㉢ 요도 ☐

1 다음 중 운동 기관에 해당하는 것을 두 가지 고르시오.
(,   )

① 간   ② 폐
③ 뼈   ④ 혈관
⑤ 근육

2 다음 중 뼈와 근육에 대한 설명으로 옳지 <u>않은</u> 것은 어느 것입니까? (   )

① 뼈의 모양은 다양하다.
② 근육은 뼈를 움직이게 한다.
③ 뼈는 우리 몸의 형태를 만든다.
④ 뼈는 몸을 지탱하고 몸속 기관을 보호한다.
⑤ 근육은 길이가 줄어들거나 늘어나지 않는다.

3 다음 [보기]에서 소화 기관에 대한 설명으로 옳지 <u>않은</u> 것을 골라 기호를 쓰시오.

> [보기]
> ㉠ 간과 쓸개는 소화를 도와주는 기관입니다.
> ㉡ 항문에서 음식물 찌꺼기의 수분을 흡수합니다.
> ㉢ 입에서는 음식물을 이로 잘게 부수고 침으로 물러지게 합니다.

(   )

4 다음은 우리 몸의 소화 기관을 나타낸 것입니다. 식도외 큰창자의 기호를 각각 쓰시오.

(1) 식도: (   )
(2) 큰창자: (   )

5 다음 중 우리 몸의 호흡 기관에 대한 설명으로 옳⋯ <u>않은</u> 것은 어느 것입니까? (   )

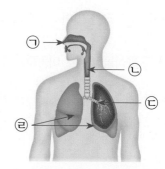

① ㉠은 코로, 공기가 드나드는 곳이다.
② ㉡은 기관으로, 공기가 이동하는 통로이다.
③ ㉢은 요도로, 굵은 관처럼 생겼고 속에 털이 있다.
④ ㉣은 폐로, 공기 중의 산소를 받아들이고 몸에 생긴 이산화 탄소를 내보낸다.
⑤ ㉠~㉣은 우리 몸에서 숨을 들이마시고 내쉬 활동을 담당하는 기관이다.

6 다음 중 숨을 내쉴 때 공기의 이동 과정으로 옳은 것은 어느 것입니까? (   )

① 코 → 폐 → 기관 → 기관지

② 코 → 기관 → 기관지 → 폐

③ 폐 → 기관 → 기관지 → 코

④ 폐 → 기관지 → 기관 → 코

⑤ 폐 → 코 → 기관 → 기관지

7 다음 보기에서 심장에 대한 설명으로 옳지 <u>않은</u> 것을 골라 기호를 쓰시오.

> **보기**
>
> ㉠ 심장이 빨리 뛰면 혈액의 이동량이 많아집니다.
>
> ㉡ 심장이 빨리 뛰면 혈액의 이동량이 적어집니다.
>
> ㉢ 일반적으로 몸통 가운데에서 왼쪽으로 약간 치우쳐 있습니다.

(   )

8 다음 중 혈관에 대해 바르게 설명한 친구의 이름을 쓰시오.

> 선영: 혈관은 심장 근처에만 있어.
>
> 은수: 혈관은 혈액이 이동하는 통로야.
>
> 현지: 혈관의 굵기는 1 mm로 모두 같아.

(   )

9 다음의 ㉠ 기관에 대한 설명으로 옳은 것은 어느 것입니까? (   )

① 소화 기관이다.

② 몸에 한 개가 있다.

③ 노폐물을 저장한다.

④ 혈액에 있는 노폐물을 걸러 낸다.

⑤ ㉠ 기관에 이상이 생겨도 혈액에 있는 노폐물을 걸러낼 수 있다.

천재교과서

10 다음은 배설 기관이 하는 일을 알아보는 실험 과정입니다. 이 실험에 대한 설명으로 옳지 <u>않은</u> 것은 어느 것입니까? (   )

> ① 거름망을 비커에 걸쳐 놓기
>
> ② 다른 비커에 노란 색소 물과 붉은색 모래를 넣고 잘 섞어 ①의 거름망 위에 붓기

거름망

노란 색소 물과 붉은색 모래

① 노란 색소 물만 거름망을 통과한다.

② 거름망은 우리 몸의 콩팥을 나타낸다.

③ 거름망은 우리 몸의 방광을 나타낸다.

④ 붉은색 모래는 우리 몸의 혈액을 나타낸다.

⑤ 노란 색소 물은 우리 몸의 오줌(노폐물)을 나타낸다.

4
단원

① 감각 기관과 자극의 전달

감각 기관

눈	귀	코	혀	피부
사물을 본다.	소리를 듣는다.	냄새를 맡는다.	맛을 느낀다.	차가움, 뜨거움, 아픔, 촉감 등을 느낀다.

자극의 전달

감각 기관
(눈으로 공을 본다.)

자극을 전달하는 신경(신경계)

뇌(신경계)
(공을 받아치라고 명령한다.)

명령을 전달하는 신경(신경계)

운동 기관
(팔을 뻗어 공을 친다.)

✷ 중요한 내용을 정리해 보세요!

● 감각 기관의 종류는?

● 자극의 전달 과정은?

개념 확인하기

정답 27쪽

🍃 다음 문제를 읽고 답을 찾아 ☐ 안에 ✔표를 하시오.

1 눈, 귀, 코, 혀, 피부 등과 같이 자극을 받아들이는 기관은 무엇입니까?

ㄱ 감각 기관 ☐   ㄴ 호흡 기관 ☐

ㄷ 순환 기관 ☐   ㄹ 운동 기관 ☐

2 코는 어떤 자극을 받아들입니까?

ㄱ 맛 ☐   ㄴ 아픔 ☐

ㄷ 냄새 ☐   ㄹ 차가움 ☐

3 촉감을 느끼는 기관은 무엇입니까?

ㄱ 혀 ☐   ㄴ 피부 ☐

4 자극을 뇌로 전달하는 것은 무엇입니까?

ㄱ 눈 ☐   ㄴ 신경 ☐

5 운동 기관에 명령을 내리는 것은 무엇입니까?

ㄱ 뇌 ☐   ㄴ 심장 ☐

운동할 때 일어나는 몸의 변화

우리 몸의 변화

체온 ↑ 맥박 수 ↑

체온 최고
맥박 수 최대

체온 ↓ 맥박 수 ↓

평상시의 체온,
맥박 수와 비슷하다.

평상시 → 운동 중 → 운동 직후 → 휴식 중 → 휴식 후

운동을 하면 체온이 올라가고 맥박이 빨라진다.

각 기관이 하는 일

운동 기관
몸을
움직인다.

감각 기관 자극을 받아들인다.

순환 기관
영양소와 산소를
온몸에 전달한다.

호흡 기관
산소를 제공하고
이산화 탄소를
내보낸다.

소화 기관
음식물을
소화해 영양소를
흡수한다.

배설 기관
노폐물을 걸러
오줌으로
배설한다.

※ 중요한 내용을 정리해 보세요!

● 운동할 때 체온과 맥박 수의 변화는?

● 몸을 움직일 때 각 기관이 하는 일은?

4
단원

개념 확인하기

정답 27쪽

) 다음 문제를 읽고 답을 찾아 ☐ 안에 ✔표를 하시오.

우리 몸의 체온이 가장 높을 때는 언제입니까?

㉠ 평상시 ☐ ㉡ 휴식 중 ☐

㉢ 휴식 후 ☐ ㉣ 운동 직후 ☐

운동할 때 일어나는 몸의 변화로 옳은 것은 무엇입니까?

㉠ 체온이 내려가고, 맥박이 느려진다. ☐

㉡ 체온이 올라가고, 맥박이 빨라진다. ☐

3 몸을 움직이기 위해 음식물을 소화해 영양소를 흡수하는 기관은 무엇입니까?

㉠ 감각 기관 ☐ ㉡ 소화 기관 ☐

4 몸을 움직이기 위해 산소를 흡수하고, 이산화 탄소를 내보내는 기관은 무엇입니까?

㉠ 호흡 기관 ☐ ㉡ 배설 기관 ☐

5 몸을 움직이기 위해 배설 기관이 하는 일은 무엇입니까?

㉠ 영양소와 산소를 온몸에 전달한다. ☐

㉡ 혈액 속 노폐물을 걸러 오줌으로 내보낸다. ☐

1 다음은 감각 기관에 대한 설명입니다. ☐ 안에 들어갈 알맞은 말을 쓰시오.

> 주변으로부터 전달된 ☐☐☐을/를 느끼고 받아들이는 기관을 감각 기관이라고 합니다.

(   )

2 다음 중 감각 기관과 관련된 행동을 바르게 짝지은 것은 어느 것입니까? (   )

① 눈: 아연이는 노래를 들었다.
② 귀: 상현이는 음료수의 맛을 보았다.
③ 코: 정윤이는 친구가 그린 그림을 보았다.
④ 피부: 서준이는 강아지 털이 부드럽다고 느꼈다.
⑤ 혀: 수정이는 빵집에서 고소한 식빵의 냄새를 맡았다.

3 다음 보기 에서 우리 몸의 신경계에 대한 설명으로 옳지 않은 것을 골라 기호를 쓰시오.

> **보기**
> ㉠ 뇌는 신경계에 포함되지 않습니다.
> ㉡ 뇌의 명령을 운동 기관에 전달합니다.
> ㉢ 감각 기관에서 받아들인 자극을 전달합니다.

(   )

천재교과서

4 다음과 같이 배드민턴을 할 때 우리 몸의 자극이 전달되고 반응하는 과정에 맞게 순서대로 보기 의 기호를 쓰시오.

> **보기**
> ㉠ 공을 칩니다.
> ㉡ 공이 날아오는 것을 봅니다.
> ㉢ 공을 치겠다고 뇌에서 결정합니다.
> ㉣ 공이 날아온다는 자극을 뇌로 전달합니다.
> ㉤ 공을 치라는 명령을 운동 기관에 전달합니다.

(   ) → (   ) → (   ) → (   ) → ㉠

천재교

5 다음과 같은 정이의 행동을 자극과 반응에 맞게 줄로 바르게 이으시오.

> 햇볕이 내리쬐는 여름날, 학교를 마치고 집에 돌아온 정이는 무척 더워서 식탁 위에 올려져 있는 얼음이 담긴 음료수를 보자마자 음료수를 마셨습니다.

(1) 자극 •

(2) 반응 •

• ㉠ 무척 더움.

• ㉡ 음료수를 마심.

• ㉢ 얼음이 담긴 음료수를 봄.

다음은 친구들이 야구 경기를 보면서 나눈 대화입니다. 야구 방망이로 공을 치는 과정에 대해 <u>잘못</u> 설명한 친구를 골라 이름을 쓰시오.

> 찬영: 눈은 공을 보는 역할을 해.
> 준수: 공이 날아오는 것을 보는 것은 눈이 자극을 받아들인 거야.
> 혜정: 야구 방망이로 날아오는 공을 치는 행동은 감각에 해당해.

(   )

다음 중 1분 동안 팔 벌려 뛰기를 할 때 우리 몸의 변화에 대한 설명으로 옳은 것을 두 가지 고르시오.

(,   )

① 체온이 올라간다.
② 체온이 내려간다.
③ 호흡이 빨라진다.
④ 호흡이 느려진다.
⑤ 체온과 호흡의 변화가 없다.

다음 중 운동할 때 심장이 빠르게 뛰는 까닭은 어느 것입니까? (   )

① 이산화 탄소를 공급하기 위해서이다.
② 혈액 순환을 느리게 하기 위해서이다.
③ 몸속에 노폐물을 저장하기 위해서이다.
④ 많은 영양소와 산소를 얻기 위해서이다.
⑤ 몸속 에너지를 모두 저장하기 위해서이다.

9 다음은 평상시 상태와 운동 직후, 5분 동안 휴식한 후의 체온과 맥박 수를 측정하여 나타낸 그래프입니다. 이에 대한 설명으로 옳은 것을 보기에서 골라 기호를 쓰시오.

보기

> ㉠ 운동 직후에는 평상시보다 체온이 올라가고 맥박은 느려집니다.
> ㉡ 운동 직후에는 평상시보다 체온이 내려가고 맥박은 빨라집니다.
> ㉢ 평상시의 체온과 맥박 수는 운동하고 5분 동안 휴식을 취했을 때의 체온과 맥박 수와 비슷합니다.

(   )

10 다음은 운동할 때 생기는 이산화 탄소와 노폐물을 처리하는 기관입니다. 이에 대한 설명으로 옳은 것은 어느 것입니까? (   )

△ 순환 기관   △ 호흡 기관   △ 배설 기관

① 노폐물은 순환 기관을 통해 온몸으로 전달된다.
② 노폐물은 호흡 기관을 통해 온몸으로 전달된다.
③ 이산화 탄소는 호흡 기관을 통해 배설 기관으로 전달된다.
④ 이산화 탄소는 호흡 기관을 통해 순환 기관으로 전달된다.
⑤ 이산화 탄소와 노폐물은 순환 기관을 통해 호흡 기관과 배설 기관으로 각각 전달된다.

4 단원

진도 완료 체크

연습 🦉 도움말을 참고하여 내 생각을 차근차근 써 보세요.

1 다음은 우리 몸속 뼈의 모습입니다. [총 6점]

머리뼈
팔뼈
갈비뼈
척추뼈
다리뼈

(1) 위의 그림을 보고 뼈의 생김새를 다음과 같이 정리했습니다. ㉠, ㉡에 들어갈 알맞은 뼈의 이름을 쓰시오. [2점]

구분	생김새
㉠	바가지 모양으로 둥긂.
㉡	휘어져 있고, 좌우로 둥글게 연결되어 공간을 만듦.
척추뼈	짧은뼈가 이어져 기둥을 이룸.
팔뼈, 다리뼈	길이가 길고, 아래쪽 뼈는 긴뼈 두 개로 이루어져 있음.

㉠ (   ) ㉡ (   )

(2) 우리 몸속에서 뼈가 하는 일을 쓰시오. [4점]

🦉 뼈가 없으면 서 있을 수도 없고 몸의 형태도 유지하기 어려움을 생각하며 써 보세요.
꼭 들어가야 할 말 형태 / 지지 / 내부 기관 / 보호

_____

_____

2 다음은 우리 몸의 배설 기관의 모습입니다. [총 12점]

㉠
㉡

(1) ㉠, ㉡ 기관의 이름을 각각 쓰시오. [4점]
㉠ (   ) ㉡ (

(2) ㉡ 기관이 하는 일을 쓰시오. [8점]

_____

_____

3 다음과 같이 운동할 때 맥박과 호흡이 빨라지는 까닭은 무엇인지 쓰시오. [8점]

_____

_____

풀이 강의

9종 공통

다음은 뼈와 근육에 대한 설명입니다. ▢ 안에 들어갈 알맞은 말은 어느 것입니까? (   )

> 우리 몸속 기관 중에서 움직임에 관여하는 뼈와 근육을 ▢ 이라고 합니다.

① 호흡 기관
② 운동 기관
③ 소화 기관
④ 배설 기관
⑤ 감각 기관

9종 공통

다음 중 척추뼈에 대한 설명으로 옳은 것은 어느 것입니까? (   )

① 위쪽은 둥글고, 아래쪽은 각이 져 있다.
② 위쪽은 각이 져 있고, 아래쪽은 휘어져 있다.
③ 짧은뼈 여러 개가 세로로 이어져 기둥을 이룬다.
④ 길이가 길고, 아래쪽 뼈는 긴뼈 두 개로 이루어져 있다.
⑤ 휘어 있고, 여러 개가 있으며 좌우로 둥글게 연결되어 안쪽에 공간을 만든다.

9종 공통

다음 중 뼈가 하는 일에 대해 바르게 말한 친구는 누구입니까? (   )

① 영지: 오줌을 만들어.
② 상현: 음식물을 소화시켜.
③ 정연: 숨을 쉬는 일을 하지.
④ 예진: 우리 몸의 형태를 만들어.
⑤ 연우: 혈액을 온몸으로 순환시켜.

9종 공통

4 다음은 음식물이 소화되는 과정입니다. ▢ 안에 들어갈 알맞은 기관은 어느 것입니까? (   )

> 입 → 식도 → ▢ → 작은창자 → 큰창자 → 항문

① ㉠
② ㉡
③ ㉢
④ ㉣
⑤ ㉤

9종 공통

5 다음 중 소화 기관에 대한 설명으로 옳지 <u>않은</u> 것은 어느 것입니까? (   )

① 간과 쓸개는 소화를 도와주는 기관이다.
② 항문에서 음식 찌꺼기의 수분을 흡수한다.
③ 식도는 입에서 삼킨 음식물을 위로 이동시킨다.
④ 음식물이 잘게 부서져야 몸에서 흡수가 잘 된다.
⑤ 입에서는 음식물을 이로 잘게 부수고 침으로 물러지게 한다.

9종 공통

6 다음 중 소화를 도와주는 기관으로 옳은 것은 어느 것입니까? (   )

① 폐
② 간
③ 콩팥
④ 방광
⑤ 기관지

4

단원

7 다음은 우리 몸에서 일어나는 일에 대한 설명입니다. 설명에 해당하는 것은 어느 것입니까? (   )

> 숨을 들이마시고 내쉬는 활동입니다.

① 소화   ② 호흡   ③ 배설
④ 흡수   ⑤ 순환

8 다음 중 우리 몸의 호흡에 관여하는 기관이 <u>아닌</u> 것은 어느 것입니까? (   )

① 폐   ② 코   ③ 기관
④ 방광   ⑤ 기관지

9 다음 중 숨을 들이마실 때 코로 들어온 공기가 기관, 기관지를 거쳐 도달하는 곳은 어디입니까? (   )

① 폐   ② 콩팥   ③ 식도
④ 쓸개   ⑤ 이자

10 다음 중 숨을 들이마시고 내쉴 때 폐의 크기와 가슴 둘레에 대한 설명으로 옳은 것은 어느 것입니까?
(   )

① 숨을 내쉴 때 가슴둘레는 커진다.
② 숨을 내쉴 때 폐의 크기는 커진다.
③ 숨을 들이마실 때 폐의 크기는 커진다.
④ 숨을 들이마실 때 가슴둘레는 작아진다.
⑤ 숨을 들이마시고 내쉴 때 폐의 크기와 가슴둘레는 아무런 변화가 없다.

[11~12] 다음은 주입기로 붉은 색소 물을 한쪽 관으로 빨아 들이고 다른 쪽 관으로 내보내는 모습입니다. 물음에 답하시오

펌프

관

붉은 색소 물

천재교육, 천재교과서, 김영사, 동아, 미래

11 위의 붉은 색소 물이 우리 몸에서 나타내는 것은 어느 것입니까? (   )

① 심장   ② 혈관   ③ 혈액
④ 수분   ⑤ 노폐물

천재교육, 천재교과서, 김영사, 동아, 미래

12 위 실험에서 주입기의 펌프를 빠르게 누를 때, 다음 중 붉은 색소 물의 이동량과 이동 빠르기의 변화를 차례로 나열한 것은 어느 것입니까? (   )

① 많아짐, 느려짐
② 많아짐, 빨라짐
③ 적어짐, 느려짐
④ 적어짐, 빨라짐
⑤ 변화 없음, 변화 없음

9종

13 다음은 혈액이 이동하는 과정에 대한 설명입니다. 안에 들어갈 알맞은 말은 어느 것입니까? (

> 심장의 펌프 작용으로 심장에서 나온 혈액이 □□□을/를 통해 온몸으로 이동하여 영양소와 산소를 공급하고, 다시 심장으로 돌아오는 과정을 반복합니다.

① 기관   ② 혈관   ③ 식도
④ 기관지   ⑤ 오줌관

14 오른쪽은 우리 몸속에서 어떤 역할을 하는 기관입니까?

9종 공통
（　　　）

— 콩팥
— 방광

① 운동　　　　　② 소화
③ 순환　　　　　④ 호흡
⑤ 배설

9종 공통
5 다음 중 콩팥에 대해 바르게 설명한 친구는 누구입니까?
（　　　）

① 영아: 온몸에 복잡하게 퍼져 있어.
② 승현: 콩팥이 없어도 오줌이 만들어져.
③ 선미: 오줌이 몸 밖으로 이동하는 통로야.
④ 영재: 혈액 속의 노폐물을 걸러 오줌으로 만들지.
⑤ 은수: 강낭콩 모양으로 등허리에 좌우 두 쌍이 있어.

아이스크림, 지학사
6 다음 중 오줌이 몸 밖으로 이동하는 통로는 어느 것입니까? （　　　）

① 식도　　　　② 기관　　　　③ 요도
④ 오줌관　　　⑤ 기관지

9종 공통
7 다음 감각 기관 중 몸 표면을 감싸며 차가움, 뜨거움, 아픔, 촉감 등을 느끼는 기관은 어느 것입니까?
（　　　）

① 눈　　　　② 귀　　　　③ 코
④ 혀　　　　⑤ 피부

9종 공통
18 다음 중 자극이 전달되어 반응하는 과정에서 뇌의 명령을 운동 기관으로 전달하는 것은 어느 것입니까?
（　　　）

① 소화 기관
② 감각 기관
③ 행동을 결정하는 신경
④ 명령을 전달하는 신경
⑤ 자극을 전달하는 신경

9종 공통
19 다음 중 운동을 할 때 체온이 올라가는 까닭으로 옳은 것은 어느 것입니까? （　　　）

① 몸에서 에너지를 흡수하기 때문이다.
② 몸에서 에너지를 많이 내면서 열을 흡수하기 때문이다.
③ 몸에서 에너지를 적게 내면서 열을 흡수하기 때문이다.
④ 몸에서 에너지를 적게 내면서 열이 많이 나기 때문이다.
⑤ 몸에서 에너지를 많이 내면서 열이 많이 나기 때문이다.

4
단원

9종 공통
20 다음 중 우리 몸의 각 기관과 몸을 움직이려고 할 때 각 기관이 하는 일을 바르게 짝지은 것은 어느 것입니까?
（　　　）

① 소화 기관: 주변의 자극을 받아들인다.
② 감각 기관: 음식물을 소화해 영양소를 흡수한다.
③ 호흡 기관: 혈액에 있는 노폐물을 걸러 내어 오줌으로 내보낸다.
④ 배설 기관: 우리 몸에 필요한 산소를 제공하고 이산화 탄소를 내보낸다.
⑤ 순환 기관: 영양소와 산소를 온몸에 전달하고, 이산화 탄소와 노폐물을 각각 호흡 기관과 배설 기관으로 전달한다.

· 답안 입력하기　　· 온라인 피드백 받기

진도 완료 체크

❶ 에너지의 필요성과 에너지 형태

생물이 살아가거나 기계가 움직이려면 에너지가 필요하다.

• 생물: 양분에서 에너지를 얻는다.
• 기계: 전기나 기름 등에서 에너지를 얻는다.

❋ 중요한 내용을 정리해 보세요!

● 식물과 동물이 에너지를 얻는 방법은?

● 일상생활에서 이용하는 대표적인 에너지 형태

개념 확인하기

정답 3

⚘ 다음 문제를 읽고 답을 찾아 ☐ 안에 ✔표를 하시오.

1 생물이 살아가거나 기계가 움직이기 위해서 공통으로 필요한 것은 무엇입니까?

    ㉠ 물 ☐   ㉡ 공기 ☐

    ㉢ 석유 ☐   ㉣ 에너지 ☐

2 동물이 에너지를 얻는 방법은 무엇입니까?

    ㉠ 다른 생물을 먹고 그 양분으로 얻는다. ☐

    ㉡ 빛을 이용해 스스로 양분을 만들어 얻는다. ☐

3 물체의 온도를 높일 수 있는 에너지 형태는 무엇입니까?

    ㉠ 빛에너지 ☐   ㉡ 열에너지 ☐

4 위치 에너지는 어떤 에너지입니까?

    ㉠ 움직이는 물체가 가진 에너지이다. ☐

    ㉡ 높은 곳에 있는 물체가 가진 에너지이다. ☐

5 전기 기구를 작동하게 하는 에너지는 무엇입니까?

    ㉠ 전기 에너지 ☐   ㉡ 운동 에너지 ☐

에너지 전환과 효율적인 에너지 활용 방법

에너지
전환

에너지 전환: 에너지 형태가 바뀌는 것

태양 전지　　　　전기다리미

태양의 빛에너지　　　전기 에너지　　　열에너지

효율적인
에너지
활용 방법

**식물과
동물**

낙엽　　　겨울눈　　　겨울잠

**전기
기구와
건축물**

발광 다이오드
[LED]등　　　이중창
설치　　　단열재
사용

✱ 중요한 내용을 정리해 보세요!

● 에너지 전환이란?

● 에너지를 효율적으로 활용할 수 있는 방법은?

개념 확인하기

정답 30쪽

5
단원

◯ 다음 문제를 읽고 답을 찾아 ☐ 안에 ✔표를 하시오.

전등은 전기 에너지를 어떤 에너지로 전환해 사용합니까?

㉠ 빛에너지 ☐　　　㉡ 운동 에너지 ☐

태양 전지에서 일어나는 에너지 전환은 어느 것입니까?

㉠ 태양의 빛에너지 → 운동 에너지 ☐

㉡ 태양의 빛에너지 → 전기 에너지 ☐

㉢ 전기 에너지 → 태양의 빛에너지 ☐

3 식물에서 겨울에 열에너지가 빠져나가는 것을 줄여 주어 어린싹이 얼지 않도록 하는 것은 무엇입니까?

㉠ 떡잎 ☐　　　㉡ 겨울눈 ☐

4 동물이 에너지를 효율적으로 이용하는 방법은 무엇입니까?

㉠ 겨울잠을 잔다. ☐

㉡ 스스로 양분을 만든다. ☐

5 에너지 효율이 더 높은 전등은 어느 것입니까?

㉠ 백열등 ☐

㉡ 발광 다이오드[LED]등 ☐

1 다음 중 에너지에 대한 설명으로 옳지 <u>않은</u> 것은 어느 것입니까? (   )

① 기계가 움직이려면 에너지가 필요하다.
② 동물이 살아가는 데 에너지가 필요하다.
③ 식물이 자라서 열매를 맺으려면 에너지가 필요하다.
④ 우리가 일상생활에서 사용하는 에너지는 눈으로 볼 수 있다.
⑤ 우리가 일상생활을 할 때 필요한 에너지는 여러 가지 에너지 자원에서 얻을 수 있다.

2 다음 식물이나 동물, 기계가 에너지를 얻는 방법에 맞게 줄로 바르게 이으시오.

(1)
△ 사과나무

• • ㉠ 다른 생물을 먹고, 그 양분으로 에너지를 얻음.

(2)
△ 자동차

• • ㉡ 빛을 이용해 스스로 양분을 만들어 에너지를 얻음.

(3)
△ 토끼

• • ㉢ 전기나 가스, 기름 등을 이용해 에너지를 얻음.

3 다음의 전등과 가로등의 불빛처럼 주위를 밝게 비출 수 있는 에너지 형태는 어느 것입니까? (   )

△ 전등   △ 가로등

① 열에너지   ② 빛에너지
③ 화학 에너지   ④ 운동 에너지
⑤ 위치 에너지

4 오른쪽과 같은 음식물, 석유, 석탄, 나무, 건전지 등이 가지고 있는 에너지 형태는 무엇인지 쓰시오.

(   )

천재교과서

5 다음은 놀이터의 모습입니다. ㉠~㉣ 중 위치 에너지를 찾을 수 있는 상황을 두 가지 골라 기호를 쓰시오.

㉠ 미끄럼틀 위의 아이
㉡ 높이 올라간 시소
㉢ 달리는 자전거
㉣ 달리는 스케이트보드

(,   )

천재교과서, 금성, 동아, 미래엔, 아이스크림

다음은 롤러코스터에서 움직이는 열차의 모습입니다. 롤러코스터의 각 구간에서 일어나는 에너지 전환 과정을 보기 에서 골라 각각 기호를 쓰시오.

2구간
열차가 위에서 아래로 내려올 때

1구간
처음 열차를 위로 끌어 올릴 때

3구간
열차가 아래에서 위로 올라갈 때

보기
㉠ 운동 에너지 → 위치 에너지
㉡ 위치 에너지 → 운동 에너지
㉢ 전기 에너지 → 운동 에너지, 위치 에너지

(1) 1구간: (   )
(2) 2구간: (   )
(3) 3구간: (   )

다음 중 태양의 빛에너지가 전기 에너지로 전환되는 경우는 어느 것입니까? (   )

①
전기다리미

②
태양 전지

③
폭포에서 떨어지는 물

④
농구하는 아이들

---

8 다음 ☐ 안에 들어갈 알맞은 말을 보기 에서 골라 기호를 쓰시오.

우리가 이용하는 대부분의 에너지는 ☐ 에서 온 에너지 형태가 전환된 것입니다.

보기
㉠ 달   ㉡ 물   ㉢ 태양   ㉣ 공기

(   )

천재교육, 천재교과서, 동아, 미래엔, 지학사

9 다음은 형광등과 발광 다이오드[LED]등의 에너지 효율을 비교한 것입니다. 에너지 효율이 더 높은 전등은 어느 것인지 쓰시오.

같은 밝기의 빛에너지

▲ 형광등   ▲ 발광 다이오드[LED]등

(   )

10 다음 중 에너지를 효율적으로 이용하는 예로 옳지 않은 것은 어느 것입니까? (   )
① 나무는 가을에 잎을 떨어뜨린다.
② 건물의 외벽에 단열재를 설치한다.
③ 곰, 다람쥐 등은 겨울에 겨울잠을 잔다.
④ 건물에 태양 에너지를 이용하는 장치를 설치한다.
⑤ 에너지 소비 효율 등급이 5등급에 가까운 전기 제품을 사용한다.

5 단원

연습 🦉 도움말을 참고하여 내 생각을 차근차근 써 보세요.

1 다음은 우리 주변의 에너지 형태에 대해 정리한 것입니다. [총 10점]

㉠ 에너지	움직이는 물체가 가진 에너지
빛에너지	주위를 밝게 비추는 에너지
위치 에너지	㉡
열에너지	물체의 온도를 높이거나 음식이 익게 해 주는 에너지

(1) 위의 ㉠에 들어갈 알맞은 말을 쓰시오. [2점]

( )

(2) 놀이터에 비치는 햇빛은 어떤 형태의 에너지에 해당하는지 쓰시오. [2점]

( )

(3) 위치 에너지에 대한 설명에 맞게 ㉡에 들어갈 알맞은 말을 쓰시오. [6점]

🦉 위치 에너지의 위치는 '높이'를 의미하는 표현이에요.
꼭 들어가야 할 말 높은 곳 / 에너지

_____

_____

2 다음은 가로등의 모습입니다. [총 12점]

(1) 가로등이 가지고 있는 에너지는 빛에너지 이외에 무엇이 있는지 두 가지 쓰시오. [4점]

(,)

(2) 가로등이 가지고 있는 빛에너지의 역할을 쓰시오. [8점]

답 빛에너지는 전등의 불빛처럼 _____

_____

3 다음은 겨울 나무에서 볼 수 있는 것입니다. [총 12점]

(1) 위 ㉠은 무엇인지 쓰시오. [4점]

(

(2) 위 ㉠의 역할을 식물이 에너지를 효율적으로 이용하는 방법과 관련지어 쓰시오. [8점]

_____

_____

9종 공통

1 다음 □ 안에 공통으로 들어갈 알맞은 말은 어느 것입니까? ( )

• 동물이 살아가는 데 □□□이/가 필요합니다.
• 자동차가 움직이는 데 □□□이/가 필요합니다.
• 식물이 자라서 열매를 맺기 위해 □□□이/가 필요합니다.

① 불 ② 가스 ③ 전기
④ 석탄 ⑤ 에너지

9종 공통

2 다음 중 에너지를 얻는 방법이 나머지와 다른 하나는 어느 것입니까? ( )

①
△ 토끼

②
△ 토마토

③
△ 귤나무

④
△ 벼

9종 공통

3 다음은 동물이 살아가는 데 필요한 에너지를 얻는 과정에 대한 설명입니다. □ 안에 들어갈 말로 옳은 것은 어느 것입니까? ( )

동물은 식물이나 다른 동물을 먹어 화학 에너지를 얻습니다. 먹이가 가진 화학 에너지는 □□의 빛에너지로부터 얻은 것입니다.

① 땅 ② 흙 ③ 구름
④ 바람 ⑤ 태양

9종 공통

4 다음 중 사람에게 에너지가 없을 때에 대한 설명으로 옳지 않은 것은 어느 것입니까? ( )

① 힘이 넘친다.
② 힘이 빠진다.
③ 성장할 수 없다.
④ 살아갈 수 없다.
⑤ 키가 크지 않는다.

9종 공통

5 다음 중 화학 에너지에 대한 설명으로 옳은 것은 어느 것입니까? ( )

① 주위를 어둡게 하는 에너지이다.
② 움직이는 물체가 가진 에너지이다.
③ 물체의 온도를 높일 수 있는 에너지이다.
④ 높은 곳에 있는 물체가 가진 에너지이다.
⑤ 음식물, 석유, 석탄 등이 가진 에너지이다.

9종 공통

6 다음 두 상황에 공통으로 관련된 에너지 형태는 어느 것입니까? ( )

높은 곳의 추, 높이 올라간 시소

① 열에너지 ② 빛에너지
③ 위치 에너지 ④ 운동 에너지
⑤ 전기 에너지

9종 공통

7 다음 중 높이 날고 있는 새가 가지고 있는 에너지 형태끼리 바르게 짝지은 것은 어느 것입니까? ( )

① 빛에너지, 열에너지
② 빛에너지, 운동 에너지
③ 빛에너지, 위치 에너지
④ 운동 에너지, 위치 에너지
⑤ 위치 에너지, 전기 에너지

5
단원

9종 공통

8 다음 중 빛에너지와 가장 관련 있는 것은 어느 것입니까?

( )

① 끓고 있는 물   ② 날고 있는 새
③ 달리는 자동차   ④ 불이 켜진 가로등
⑤ 높은 곳에 있는 추

9종 공통

9 다음 □ 안에 들어갈 알맞은 말은 어느 것입니까?

( )

> 세탁기, 냉장고, 에어컨 등과 같은 전기 기구를 작동하게 하는 에너지 형태는 □□ 에너지 입니다.

① 빛   ② 열   ③ 화학
④ 전기   ⑤ 위치

9종 공통

10 다음 중 집에서 사용하고 있는 에너지 형태에 대한 설명으로 옳지 <u>않은</u> 것은 어느 것입니까? ( )

① 열에너지를 사용하여 음식을 익힌다.
② 전기 에너지를 사용하여 텔레비전을 켠다.
③ 빛에너지를 사용하여 전등으로 주위를 밝힌다.
④ 위치 에너지를 사용하여 휴대 전화를 충전한다.
⑤ 화학 에너지를 사용하여 가스레인지에 불을 켠다.

9종 공통

11 다음 ㉠과 ㉡의 에너지 형태를 바르게 짝지은 것은 어느 것입니까? ( )

> ㉠ 달리는 자전거가 가지고 있는 에너지 형태
> ㉡ 높이 올라간 그네가 가지고 있는 에너지 형태

	㉠	㉡
①	전기 에너지	화학 에너지
②	화학 에너지	운동 에너지
③	운동 에너지	위치 에너지
④	위치 에너지	운동 에너지
⑤	운동 에너지	화학 에너지

[12~13] 다음은 롤러코스터에서 움직이는 열차의 모습입니다. 물음에 답하시오.

천재교과서, 금성, 동아, 미래엔, 아이스크림

12 다음 중 위 ㉠ 구간의 에너지 전환 과정을 바르게 나타낸 것은 어느 것입니까? ( )

① 전기 에너지 → 화학 에너지
② 빛에너지 → 전기 에너지, 운동 에너지
③ 전기 에너지 → 위치 에너지, 운동 에너지
④ 위치 에너지 → 운동 에너지, 전기 에너지
⑤ 운동 에너지 → 위치 에너지, 화학 에너지

천재교과서, 금성, 동아, 미래엔, 아이스크림

13 다음은 위 ㉡ 구간과 ㉢ 구간의 에너지 전환 과정을 나타낸 것입니다. □ 안에 공통으로 들어갈 알맞은 에너지 형태는 어느 것입니까? ( )

> • ㉡ 구간: □□ → 운동 에너지
> • ㉢ 구간: 운동 에너지 → □□

① 열에너지   ② 빛에너지
③ 전기 에너지   ④ 위치 에너지
⑤ 화학 에너지

9종 공통

14 다음 중 전기 에너지를 열에너지로 전환하는 것은 어느 것입니까? ( )

① 촛불   ② 폭포
③ 선풍기   ④ 모닥불
⑤ 전기다리미

15 오른쪽과 같이 폭포에서 물이 떨어질 때 일어나는 에너지 전환 과정을 바르게 나타낸 것은 어느 것입니까? (   )

① 빛에너지 → 위치 에너지
② 열에너지 → 운동 에너지
③ 화학 에너지 → 운동 에너지
④ 위치 에너지 → 운동 에너지
⑤ 운동 에너지 → 위치 에너지

16 다음 중 위 15번의 답과 같은 에너지 전환이 일어나는 예는 어느 것입니까? (   )

① 달리는 아이
② 불이 켜진 전등
③ 광합성하는 식물
④ 언덕에서 내려오는 눈썰매
⑤ 전기 주전자에서 끓고 있는 물

17 다음은 오른쪽과 같은 태양광 로봇이 움직일 때의 에너지 전환 과정을 나타낸 것입니다. ㉠과 ㉡에 들어갈 알맞은 에너지 형태를 바르게 짝지은 것은 어느 것입니까? (   )

태양 전지

태양의 빛에너지 → 태양 전지 → ㉠ → 전동기 → ㉡

	㉠	㉡
①	전기 에너지	화학 에너지
②	전기 에너지	운동 에너지
③	전기 에너지	위치 에너지
④	화학 에너지	운동 에너지
⑤	화학 에너지	위치 에너지

18 다음 중 생물이 에너지를 효율적으로 이용하는 방법으로 옳지 않은 것은 어느 것입니까? (   )

① 겨울을 준비하기 위해 나무는 꽃을 피운다.
② 겨울을 준비하기 위해 나무는 잎을 떨어뜨린다.
③ 철새들은 먼 거리를 날아갈 때 바람을 이용한다.
④ 곰은 먹이를 구하기 어려운 겨울에 겨울잠을 잔다.
⑤ 겨울눈의 비늘은 겨울에 어린싹이 얼지 않도록 한다.

19 다음은 전등에서 전기 에너지(100%)의 전환 비율을 나타낸 것입니다. 두 전등을 바르게 비교한 것은 어느 것입니까? (   )

⤊ 백열등   ⤊ 발광 다이오드[LED]등

① ㉠이 ㉡보다 에너지 효율이 높다.
② ㉡이 ㉠보다 에너지 효율이 높다.
③ ㉠과 ㉡의 에너지 효율은 비슷하다.
④ ㉠은 전기 에너지가 대부분 빛에너지로 전환된다.
⑤ ㉡은 전기 에너지가 대부분 열에너지로 전환된다.

20 다음 중 에너지를 효율적으로 활용할 수 있는 방법으로 옳지 않은 것은 어느 것입니까? (   )

① 창문 틈새를 잘 막는다.
② 건축물에 이중창을 설치한다.
③ 건물의 외벽에 단열재를 설치한다.
④ 에어컨을 사용할 때는 창문을 열어 둔다.
⑤ 에너지 소비 효율 등급이 1등급인 제품을 사용한다.

· 답안 입력하기   · 온라인 피드백 받기

5 단원
진도 완료 체크

1 다음 중 오른쪽 전기 부품의 쓰임새로 옳은 것은 어느 것입니까? (   )

9종 공통

① 빛을 내는 전기 부품이다.

② 전기 부품을 쉽게 연결할 수 있다.

③ 전기가 흐르는 길을 끊거나 연결한다.

④ 전선을 쉽게 연결할 수 있도록 전지를 넣어서 사용한다.

⑤ 전선에 쉽게 연결할 수 있도록 전구를 끼워서 사용한다.

2 다음 중 오른쪽 전기 회로에서 전구 끼우개에 연결된 전구 한 개를 빼내고 스위치를 닫았을 때의 결과로 옳은 것은 어느 것입니까? (   )

9종 공통

① 전지가 더 빨리 소모된다.

② 나머지 전구에 불이 켜진다.

③ 나머지 전구에 불이 켜지지 않는다.

④ 나머지 전구의 밝기가 더 어두워진다.

⑤ 나머지 전구에 불이 켜졌다 꺼졌다 한다.

3 다음 중 오른쪽 전기 회로에 대한 설명으로 옳은 것은 어느 것입니까? (   )

9종 공통

① 전구가 전지의 (+)극에만 연결되어 있다.

② 전구 두 개가 각각 다른 줄에 한 개씩 연결되어 있다.

③ 같은 수의 전구를 병렬연결할 때보다 전구의 밝기가 밝다.

④ 같은 수의 전구를 병렬연결할 때보다 전지를 더 오래 사용할 수 있다.

⑤ 전구 한 개의 불이 꺼져도 나머지 전구의 불이 꺼지지 않는다.

4 다음과 같은 전자석을 만들 때 사용되지 않은 것은 어느 것입니까? (   )

9종 공통

① 전지   ② 스위치

③ 나침반   ④ 에나멜선

⑤ 둥근머리 볼트

5 다음 중 태양이 지표면과 이루는 각을 뜻하는 것은 어느 것입니까? (   )

9종 공통

① 태양광   ② 태양열

③ 태양 고도   ④ 태양 에너지

⑤ 태양의 일주 운동

6 다음 중 태양 고도에 대한 설명으로 옳은 것은 어느 것입니까? (   )

9종 공통

① 달이 지표면과 이루는 각이다.

② 태양 고도는 아침에 가장 높다.

③ 하루 동안 태양 고도는 변하지 않는다.

④ 태양이 동쪽에서 떠오를 때를 태양이 남중했다 한다.

⑤ 태양이 남중했을 때의 고도를 태양의 남중 고도라 한다.

9종 공통

다음 중 하루 동안의 태양 고도, 기온, 그림자 길이의 관계에 대한 설명으로 옳은 것은 어느 것입니까?
(   )

(자료 출처: 기상 자료 개방 포털, 한국 천문 연구원, 2020년 9월 15일 서울특별시)

① 기온은 14시 30분경에 가장 낮다.
② 태양 고도는 14시 30분경에 가장 높다.
③ 그림자 길이는 12시 30분경에 가장 짧다.
④ 태양 고도가 높아지면 기온은 대체로 낮아진다.
⑤ 태양 고도가 높아지면 그림자 길이는 길어진다.

9종 공통

다음은 월별 낮의 길이를 나타낸 그래프입니다. 다음 중 낮의 길이가 가장 긴 때는 언제입니까? (   )

① 1~2월   ② 3~4월
③ 6~7월   ④ 9~10월
⑤ 11~12월

9종 공통

9 다음과 같이 지구의 자전축을 수직으로 맞추고 지구본 각 위치에서 태양의 남중 고도를 측정했을 때에 대한 설명으로 옳은 것은 어느 것입니까? (   )

▲ 지구본의 자전축을 기울이지 않은 채 공전시키는 모습

① 낮아진다.
② 높아진다.
③ 변하지 않는다.
④ 높아지다가 낮아진다.
⑤ 낮아지다가 높아진다.

9종 공통

10 다음과 같이 물질이 탈 때 나타나는 현상으로 옳은 것은 어느 것입니까? (   )

▲ 초가 타는 모습

▲ 알코올이 타는 모습

① 주변이 어두워진다.
② 빛과 열이 발생한다.
③ 시끄러운 소리가 난다.
④ 주변의 온도가 내려간다.
⑤ 항상 연기와 그을음이 발생한다.

11 다음과 같이 성냥 머리 부분과 향을 구리판의 원 위에 올려놓고 알코올램프로 가열했을 때의 결과에 대한 설명으로 옳은 것은 어느 것입니까? (   )

성냥 머리 부분

향

⚠️ 성냥 머리 부분에 먼저 불이 붙음.

① 성냥 머리 부분과 향은 발화점이 같다.
② 물질마다 타기 시작하는 온도가 다르다.
③ 불을 직접 붙이지 않으면 물질이 탈 수 없다.
④ 물질에 관계없이 타기 시작하는 온도는 같다.
⑤ 성냥 머리 부분은 발화점에 도달하기 전에 탄다.

9종 공통

12 다음과 같이 아크릴 통에 초를 넣고 연소시킨 후 석회수를 넣고 흔들었을 때 나타나는 현상으로 알 수 있는 점으로 옳은 것은 어느 것입니까? (   )

⚠️ 석회수가 뿌옇게 흐려짐.

① 물질이 연소하면 물이 생성된다.
② 물질이 연소하면 산소가 생성된다.
③ 물질이 연소하면 무게가 늘어난다.
④ 물질이 연소하면 헬륨이 생성된다.
⑤ 물질이 연소하면 이산화 탄소가 생성된다.

13 다음 중 우리 생활에서 발화점 미만으로 온도를 낮춰서 불을 끄는 경우는 어느 것입니까? (   )

① 물을 뿌린다.
② 초의 심지를 자른다.
③ 알코올램프의 뚜껑을 덮는다.
④ 낙엽 등 타기 쉬운 물질을 치운다.
⑤ 가스레인지의 연료 조절 밸브를 잠근다.

9종 공통

14 다음이 설명하는 뼈는 어느 것입니까? (   )

• 휘어 있습니다.
• 여러 개가 있습니다.
• 좌우로 둥글게 연결되어 안쪽에 공간을 만듭니다.

① 팔뼈   ② 갈비뼈
③ 다리뼈   ④ 머리뼈
⑤ 척추뼈

9종 공통

15 다음 중 숨을 들이마실 때 공기가 이동하는 순서로 옳은 것은 어느 것입니까? (   )

① 코 → 폐 → 기관 → 기관지
② 코 → 기관 → 기관지 → 폐
③ 폐 → 코 → 기관 → 기관지
④ 폐 → 기관 → 기관지 → 코
⑤ 폐 → 기관지 → 기관 → 코

16 다음 중 순환 기관에 대한 설명으로 옳은 것은 어느 것입니까? (   )
9종 공통

① 심장은 노폐물을 걸러낸다.

② 호흡에 관여하는 기관이다.

③ 간, 쓸개, 이자 등이 해당한다.

④ 우리 몸의 형태를 만들고 몸을 지탱한다.

⑤ 심장에서 나온 혈액은 혈관을 통해 이동한다.

7 다음 중 혈액 속의 노폐물을 걸러 오줌을 만드는 일을 하는 기관은 어느 것입니까? (   )
9종 공통

① 뼈   ② 심장

③ 콩팥   ④ 기관지

⑤ 작은창자

8 다음 중 오른쪽과 같이 주위를 밝힐 수 있는 에너지는 어느 것입니까? (   )
9종 공통

▲ 주위를 밝히는 가로등

① 빛에너지

② 열에너지

③ 운동 에너지

④ 위치 에너지

⑤ 화학 에너지

19 다음과 같이 롤러코스터 열차가 이동하는 동안의 에너지 형태 변화를 나타낸 것에서 ㉠, ㉡에 들어갈 알맞은 말을 바르게 짝지은 것은 어느 것입니까? (   )
천재교과서, 김영사, 금성, 동아, 미래엔

열차가 위에서 아래로 내려올 때:
위치 에너지 → ㉠ 에너지

열차가 아래에서 위로 올라갈 때:
운동 에너지 → ㉡ 에너지

	㉠	㉡		㉠	㉡
①	열	빛	②	열	화학
③	운동	위치	④	운동	화학
⑤	소리	위치			

20 다음 중 동물이나 식물이 에너지를 효율적으로 이용하는 예로 옳지 <u>않은</u> 것은 어느 것입니까? (   )
9종 공통

① 나무는 겨울을 준비하기 위해 가을에 잎을 떨어뜨린다.

② 곰이나 박쥐는 겨울잠을 자면서 에너지를 효율적으로 이용한다.

③ 철새들은 먼 거리를 날아갈 때 바람을 이용하여 에너지 효율을 높인다.

④ 다람쥐는 겨울에 먹이를 구하기 쉬우므로 다른 계절보다 활발히 활동한다.

⑤ 목련의 겨울눈은 추운 겨울에 열에너지가 빠져나가는 것을 줄여 어린 싹이 얼지 않도록 한다.

· 답안 입력하기   · 온라인 피드백 받기

여러 가지 실험 기구

△ 전지

△ 전구

△ 집게 달린 전선

△ 태양 고도 측정기

△ 지구본

△ 갓 없는 전등

△ 원형 태양 고도 측정기

△ 열전구

△ 집기병

△ 알코올램프

△ 삼발이

△ 사각 수조

우리 아이의 실력을 정확히 점검하는 기회

*응시 날짜는 변동될 수 있으며

40년의 역사
전국 초·중학생 213만 명의 선택

HME 학력평가
해법수학·해법국어

응시 학년	수학 ∣ 초등 1학년 ~ 중학 3학년
	국어 ∣ 초등 1학년 ~ 초등 6학년

응시 횟수	수학 ∣ 연 2회 (6월 / 11월)
	국어 ∣ 연 1회 (11월)

주최 **천재교육** ∣ 주관 **한국학력평가 인증연구소** ∣ 후원 **서울교육대학교**

*응시 날짜는 변동될 수 있으며, 더 자세한 내용은 HME 홈페이지에서 확인 바랍니다.

온라인
학습북

수학 전문 교재

● 연산 학습

빅터연산   예비초~6학년, 총 20권

창의융합 빅터연산   예비초~4학년, 총 16권

● 개념 학습

개념클릭 해법수학   1~6학년, 학기용

● 수준별 수학 전문서

해결의법칙(개념/유형/응용)   1~6학년, 학기용

● 단원평가 대비

수학 단원평가   1~6학년, 학기용

일등전략 초등 수학   1~6학년, 학기용

● 단기완성 학습

초등 수학전략   1~6학년, 학기용

● 상위권 학습

최고수준 S 수학   1~6학년, 학기용

최고수준 수학   1~6학년, 학기용

최강 TOT 수학   1~6학년, 학년용

● 경시대회 대비

해법 수학경시대회 기출문제   1~6학년, 학기용

예비 중등 교재

● **해법 반편성 배치고사 예상문제**   6학년

● **해법 신입생 시리즈(수학/영어)**   6학년

맞춤형 학교 시험대비 교재

● **열공 전과목 단원평가**   1~6학년, 학기용(1학기 2~6년)

한자 교재

● **한자능력검정시험 자격증 한번에 따기**   8~3급, 총 9권

● **씽씽 한자 자격시험**   8~5급, 총 4권

● **한자 전략**   8~5급Ⅱ, 총 12권

배움으로 행복한 내일을 꿈꾸는
천재교육 커뮤니티 안내 · · ·

 교재 안내부터 구매까지 한 번에!
천재교육 홈페이지

자사가 발행하는 참고서, 교과서에 대한 소개는 물론
도서 구매도 할 수 있습니다. 회원에게 지급되는 별을 모아
다양한 상품 응모에도 도전해 보세요!

 다양한 교육 꿀팁에 깜짝 이벤트는 덤!
천재교육 인스타그램

천재교육의 새롭고 중요한 소식을 가장 먼저 접하고 싶다면?
천재교육 인스타그램 팔로우가 필수!
깜짝 이벤트도 수시로 진행되니 놓치지 마세요!

 수업이 편리해지는
천재교육 ACA 사이트

오직 선생님만을 위한, 천재교육 모든 교재에 대한 정보가 담긴
아카 사이트에서는 다양한 수업자료 및 부가 자료는 물론
시험 출제에 필요한 문제도 다운로드하실 수 있습니다.

https://aca.chunjae.co.kr

 천재교육을 사랑하는 샘들의 모임
천사샘

학원 강사, 공부방 선생님이시라면 누구나 가입할 수 있는 천사샘!
교재 개발 및 평가를 통해 교재 검토진으로 참여할 수 있는 기회는 물론
다양한 교사용 교재 증정 이벤트가 선생님을 기다립니다.

 아이와 함께 성장하는 학부모들의 모임공간
튠맘 학습연구소

튠맘 학습연구소는 초·중등 학부모를 대상으로 다양한 이벤트와 함께
교재 리뷰 및 학습 정보를 제공하는 네이버 카페입니다.
초등학생, 중학생 자녀를 둔 학부모님이라면 튠맘 학습연구소로 오세요!

정답은 정확하게, 풀이는 자세하게

꼼꼼 풀이집

초등
과학 6·2

재교육

꼼꼼 풀이집

꼼꼼 풀이집

정답과 풀이

6-2

1. 전기의 이용

1 (1) 전지 끼우개 (2) 전구 끼우개 **2** ㉡ **3** 전기
4 ㉠, ㉣ **5** (1) ㉡ (2) ㉠ **6** 직렬, 병렬

1 전지 끼우개는 전선을 쉽게 연결할 수 있도록 전지를 넣어 사용하고, 전구 끼우개는 전선에 쉽게 연결할 수 있도록 전구를 끼워서 사용하는 전기 부품입니다.

2 ㉠은 전구가 전지의 (−)극에만 연결되어 있어 전구에 불이 켜지지 않습니다.

3 전기 회로란 여러 가지 전기 부품을 연결하여 전기가 흐르도록 한 것입니다.

4 전구의 밝기가 밝은 전기 회로는 전구 두 개가 각각 다른 줄에 나누어 한 개씩 연결되어 있습니다.

5 전구의 병렬연결에서는 전구 한 개를 빼내도 나머지 전구의 불이 꺼지지 않고, 전구의 직렬연결에서는 전구 한 개를 빼내면 나머지 전구의 불이 꺼집니다.

6 전기 회로에서 전구 두 개 이상을 한 줄로 연결하면 전구의 직렬연결, 여러 개의 줄에 나누어 한 개씩 연결하면 전구의 병렬연결입니다.

Step 1
1 전지 **2** 전기 회로 **3** 병렬, 직렬 **4** 없음
5 병렬 **6** (1) ㉡ (2) ㉠ (3) ㉢ **7** ③ **8** ②
9 ⑤ **10** 예 전지의 수 **11** ㉡ **12** ㉠, ㉡
13 ⑤ **14** ③ **15** (1) × (2) ○ (3) ○

Step 2
16 (1) ㉢ (2) ❶ (+)극 ❷ (−)극
17 (1) ㉠ 전구의 직렬연결 ㉡ 전구의 병렬연결 (2) 예 ㉠보다 ㉡과 같이 바꾸었을 때 전구의 밝기가 더 밝다.

15 (1) 켜짐
   (2) (+)극
17 (1) 직렬, 병렬
   (2) 밝

Step 3
18 (개) 병렬 (내) 직렬 **19** ㉡
20 ㉠, 예 ㉠ 전구를 병렬연결할 때가 직렬연결할 때보다 전구의 밝기가 더 밝기 때문이다.

---

1 전지는 전기 회로에 전기를 흐르게 하는 전기 부품입니

2 여러 가지 전기 부품을 연결하여 전기가 흐르도록 것을 전기 회로라고 합니다.

3 전구를 병렬연결할 때가 직렬연결할 때보다 전구 밝기가 더 밝습니다.

4 전구를 병렬연결하면 직렬연결한 것보다 소비되 에너지양이 더 많습니다.

5 전기 회로에서 전구 여러 개를 직렬연결하였을 때는 전 한 개의 불이 꺼지면 나머지 전구의 불도 꺼집니다.

6 (1)은 스위치이고, (2)는 전구 끼우개, (3)은 전지 끼 개의 모습입니다.

7 스위치는 전기가 흐르는 길을 끊거나 연결합니다.

> **왜 틀렸을까?**
> ① 전지: 전기를 흐르게 합니다.
> ② 전구: 빛을 냅니다.
> ④ 전지 끼우개: 전선을 쉽게 연결할 수 있도록 전지를 넣어 사 합니다.
> ⑤ 집게 달린 전선: 전기 부품을 쉽게 연결할 수 있습니다.

8 ②는 전구가 전지의 (+)극에만 연결되어 있어 전 불이 켜지지 않습니다.

9 전기 회로에서 전구에 불이 켜지게 하려면 전지, 전 전구가 끊기지 않게 연결하고, 전기 부품에서 전기 흐르는 부분끼리 연결해야 합니다.

10 ㉠ 전기 회로는 전지를 한 개, ㉡ 전기 회로는 전지 두 개 사용했습니다.

11 전지 두 개를 연결할 때 한 전지의 (+)극을 다른 전지 (−)극에 연결하면 전지 한 개를 연결할 때보다 전구 밝기가 더 밝습니다.

12 ㉠과 ㉡ 전기 회로는 전구 두 개가 한 줄로 연결되 있습니다.

13 전구를 병렬연결할 때가 직렬연결할 때보다 전구의 밝기 더 밝습니다.

14 전구의 직렬연결에서는 한 전구 불이 꺼지면 나머지 전 불도 꺼집니다.

15 전구의 병렬연결은 전기 회로에서 전구 두 개 이상 여러 개의 줄에 나누어 한 개씩 연결하는 방법입니다.

16 전구가 전지의 (+)극과 전지의 (−)극에 각각 연결되어 전구에 불이 켜집니다.

채점 기준

(1)	'ⓒ'을 씀.	
(2)	❶에 '(+)극', ❷에 '(−)극'을 모두 정확히 씀.	상
	❶과 ❷ 중 한 가지만 정확히 씀.	중

17 전구 두 개를 직렬연결하는 것보다 병렬연결하는 것이 전구의 밝기가 더 밝으므로, 전구의 연결 방법을 ㉠에서 ㉡과 같이 바꾸면 전구의 밝기가 더 밝아집니다.

채점 기준

(1)	㉠에 '전구의 직렬연결', ㉡에 '전구의 병렬연결'을 모두 정확히 씀.	상
	㉠과 ㉡ 중 한 가지만 정확히 씀.	중
(2)	**정답 키워드** 전구 | 밝다 '㉠보다 ㉡과 같이 바꾸었을 때 전구의 밝기가 더 밝다.' 등의 내용을 정확히 씀.	상
	㉠ 전기 회로와 ㉡ 전기 회로의 전구의 밝기를 비교하는 내용을 썼지만, 표현이 부족함.	중

18 ㉠은 전구 두 개가 여러 개의 줄에 나누어 한 개씩 연결되어 있고, ㉡은 전구 두 개가 한 줄로 연결되어 있습니다.

19 전구를 병렬연결하면 전구를 직렬연결할 때보다 각 전구에서 소비되는 에너지가 크므로 전지를 더 오래 사용할 수 없습니다.

20 ㉠은 전구가 병렬연결되어 있고, ㉡은 전구가 직렬연결되어 있으므로 ㉠이 ㉡보다 전구의 밝기가 더 밝습니다.

개념 다지기   19쪽

1 자석 **2** ㉡ **3** ㉠ **4** ③ **5** ㉠
6 ㉡, ㉣

전자석은 전기가 흐르는 전선 주위에 자석의 성질이 나타나는 성질을 이용해 만든 자석입니다.

스위치를 닫으면 자석의 성질이 나타나서 클립이 전자석에 붙습니다.

전지의 극을 반대로 하면 전자석의 극이 바뀌므로, 나침반 바늘이 가리키는 방향이 반대로 바뀌게 됩니다.

전자석은 전지의 극을 반대로 연결하고 전기를 흐르게 하면 극이 바뀝니다.

플러그를 뽑을 때 전선을 잡고 잡아당기면 전선이 끊어질 수 있으므로, 플러그의 머리 부분을 잡고 뽑아야 합니다.

6 사용하지 않는 전기 제품을 꺼 두고, 에어컨을 켤 때는 창문을 닫습니다.

단원 실력 쌓기   20~23쪽

Step 1
1 전자석 **2** 전자석 **3** 있습 **4** 머리 **5** 닫고
6 자석 **7** ㉡, ㉢, ㉠ **8** (3)에 ○ **9** ㉡ **10** ①
11 ㉡, ㉣ **12** ㉡ **13** ② **14** ④ **15** ①, ②

Step 2
16 (1) ㉡ (2) ❶ 전지 ❷ 세기
17 (1) ㉠ (2) 예 플러그의 머리 부분을 잡고 뽑는다.

16 (1) 많이
(2) 세기
17 (1) 낭비
(2) 머리

Step 3
18 ㉠ N ㉡ S   **19** 예 반대
20 예 영구 자석은 자석의 극이 일정하지만 전자석은 자석의 극을 바꿀 수 있다.

1 철심에 감은 전선에 전기가 흐르면 전선 주위에 자석의 성질이 나타납니다.

2 영구 자석은 자석의 세기가 일정합니다.

3 전자석은 전지의 연결 방향을 바꿔서 극을 바꿀 수 있습니다.

4 플러그의 머리 부분을 잡고 플러그를 뽑아야 안전합니다.

5 창문을 닫고 냉방 기구를 켜야 전기를 절약할 수 있습니다.

6 전기가 흐르는 전선 주위에 자석의 성질이 생기므로 전선 주위에서 나침반 바늘이 움직입니다.

7 볼트에 전선을 감은 뒤 전기 회로에 연결합니다.

8 전자석은 스위치를 닫을 때만 전기가 흘러 자석의 성질이 나타나므로 클립이 붙습니다.

9 전지 두 개를 서로 다른 극끼리 한 줄로 연결할 때가 전지 한 개를 연결할 때보다 침핀이 더 많이 붙습니다.

10 전지의 극을 반대로 연결하면 전자석의 극이 반대가 되어서 나침반 바늘이 가리키는 방향이 반대가 됩니다.

11 나침반은 영구 자석을 이용한 도구입니다.

12 ㉠은 전기를 위험하게 사용하는 경우입니다.

13 콘센트 한 개에 플러그 여러 개를 한꺼번에 꽂아서 사용하면 안 됩니다.

14 냉장고에서 물을 꺼낸 뒤 냉장고 문을 닫고 마십니다.

15 전기를 안전하게 사용하지 않으면 감전되거나 화재가 일어날 수 있습니다.

16 전자석은 영구 자석과 달리 나란히 연결한 전지의 개수를 달리하여 자석의 세기를 조절할 수 있습니다.

채점 기준		
(1)	'ⓒ'을 씀.	
(2)	❶에 '전지', ❷에 '세기'를 모두 정확히 씀.	상
	❶과 ❷ 중 한 가지만 정확히 씀.	중

17 플러그를 뽑을 때 플러그의 전선을 잡아당기지 말고 플러그의 머리 부분을 잡고 뽑아야 합니다.

채점 기준		
(1)	'ⓐ'을 씀.	
(2)	정답 키워드 머리 부분 등 '플러그의 머리 부분을 잡고 뽑는다.' 등의 내용을 정확히 씀.	상
	ⓐ의 경우에 전기를 안전하게 사용하는 모습에 대해 썼지만, 표현이 부족함.	중

18 ⓐ은 나침반 바늘의 S극이 가리키고 있으므로 N극이고, ⓒ은 나침반 바늘의 N극이 가리키고 있으므로 S극입니다.

19 전지의 극을 반대로 연결하면 전자석의 극이 반대로 되므로 나침반 바늘이 가리키는 방향도 반대가 됩니다.

20 전자석은 전지의 연결 방향을 반대로 바꾸면 극이 바뀝니다.

대단원 평가 24~27쪽

1 ⓐ 꼭지쇠 ⓒ 꼭지 **2** ③ **3** ② **4** 예 (−)
5 ② **6** ③ **7** 규진 **8** ⓐ
9 (1) ⓒ (2) 예 ⓐ 전기 회로보다 ⓒ 전기 회로의 전지를 더 오래 사용할 수 있다. **10** ④ **11** ①
12 ⓐ 전기 ⓒ 자석 **13** 예 ⓒ이 ⓐ보다 전자석 끝에 붙은 침핀의 개수가 더 많다. **14** ⓒ **15** ⓐ N극 ⓒ S극
16 ④, ⑤ **17** ② **18** (1) 경수 (2) 예 물 묻은 손으로 전기 제품을 만지지 않는다. **19** (1) ○ (2) ○ (3) ×
20 ⓐ, ⓒ

1 전구에서 금속 부분의 옆면을 꼭지쇠, 아랫면 가운데 튀어나온 부분을 꼭지라고 합니다.

2 스위치는 전기가 흐르는 길을 끊거나 연결합니다.

3 ①, ③, ④는 전구에 불이 켜지고, ②는 전구에 불이 켜지지 않습니다.

4 ②는 전구가 전지의 (−)극에만 연결되어 있어서 전구에 불이 켜지지 않습니다.

5 전기 회로에서 스위치를 닫으면 전기가 흘러 전구에 불이 켜집니다.

6 ⓒ은 전지 두 개가 서로 다른 극끼리 한 줄로 연결되어 있습니다.

7 같은 수의 전구를 병렬연결할 때가 직렬연결할 때보다 전구의 밝기가 더 밝습니다.

8 전구를 직렬연결하면 병렬연결할 때보다 전구를 더 오래 사용할 수 있습니다.

9 전구를 병렬연결할 때가 직렬연결할 때보다 전지를 오래 사용할 수 없습니다.

채점 기준		
(1)	'ⓒ'을 씀.	4점
(2)	정답 키워드 오래	사용하다 'ⓐ 전기 회로보다 ⓒ 전기 회로의 전지를 더 오래 사용할 수 있다.' 등의 내용을 정확히 씀.	8점
	전지의 사용 기간을 비교하여 썼지만, 정확하지 않은 부분이 있음.	4점

10 ⓐ은 전구의 병렬연결, ⓒ은 전구의 직렬연결로, 전구를 직렬연결할 때가 병렬연결할 때보다 전지를 더 오래 사용할 수 있습니다.

11 전지의 극을 반대로 하면 나침반 바늘이 반대 방향으로 회전합니다.

12 전자석의 스위치를 닫으면 전기가 흘러서 자석의 성질이 나타나므로 클립이 붙습니다.

13 전지 두 개를 서로 다른 극끼리 한 줄로 연결한 전자석이 전지 한 개를 연결한 전자석보다 전자석의 세기가 세므로 침핀이 더 많이 붙습니다.

채점 기준		
정답 키워드 침핀	붙다	많다 'ⓒ이 ⓐ보다 전자석 끝에 붙은 침핀의 개수가 더 많다.' 등의 내용을 정확히 씀.	8점
ⓐ과 ⓒ의 전자석에 붙는 침핀의 개수를 비교하여 썼지만, 표현이 부족함.	4점

14 전자석의 스위치를 닫으면 나침반 바늘이 전자석을 가리킵니다.

15 전지의 극을 반대로 하고 스위치를 닫으면 나침반 바늘도 반대로 바뀝니다.

16 전자석은 전지의 연결 방향에 따라 극이 바뀌고, 전기가 흐를 때만 자석의 성질이 나타납니다.

> **왜 틀렸을까?**
> ①, ②는 영구 자석과 전자석의 공통점입니다.
> ③ 전자석은 세기를 조절할 수 있습니다.

17 전자석을 이용한 예에는 자기 부상 열차, 선풍기, 스피커, 머리말리개, 전자석 기중기 등이 있습니다.

18 전기를 안전하게 사용하지 않으면 감전되거나 화재가 일어날 수 있습니다.

채점 기준

(1)	'경수'를 씀.	4점
(2)	**정답 키워드** 물 묻은 손 | 만지지 않다 등 '물 묻은 손으로 전기 제품을 만지지 않는다.' 등의 내용을 정확히 씀.	8점
	전기를 안전하게 사용하는 방법에 대해 썼지만, 표현이 부족함.	4점

19 사용하지 않는 전기 제품의 플러그를 뽑아 놓습니다.

20 ⓒ과 ⓔ은 전기를 안전하게 사용하지 않을 때 일어날 수 있는 문제점입니다.

2. 계절의 변화

개념 다지기　　　　　　33쪽

1 ⓒ　　2 ⓒ　　3 ④　　4 ⑩ 공기　　5 ⓒ
6 ㉠ 여름 ㉡ 봄·가을 ㉢ 겨울

태양이 지표면과 이루는 각을 태양 고도라고 합니다.

기온이 가장 높은 시각은 태양 고도가 가장 높은 시각보다 약 두 시간 뒤입니다.

태양 고도가 높아지면 그림자 길이는 짧아지고 기온은 대체로 높아집니다.

지표면이 데워져 공기의 온도가 높아지는 데 시간이 걸리므로 태양이 남중한 시각보다 약 두 시간 뒤에 기온이 가장 높습니다.

태양의 남중 고도가 높은 여름에는 기온이 높고, 태양의 남중 고도가 낮은 겨울에는 기온이 낮습니다.

㉠은 태양의 남중 고도가 가장 높으므로 여름이고, ㉡은 태양의 남중 고도가 가장 낮으므로 겨울입니다.

단원 실력 쌓기　　　　34~37쪽

Step 1

1 고도　　2 정남쪽　　3 짧아, 높아
4 여름, 여름　　5 길어, 짧아　　6 ⓒ
7 ㉠　　8 35　　9 (1) ⑩ 12시 30분 (2) ⑩ 12시 30분
10 ③　　11 두(2)　　12 12　　13 ㉠ 여름 ㉡ 겨울
14 ㉠ ⑩ 길어 ㉡ ⑩ 짧아　　15 ④

Step 2

16 (1) ⓒ (2) ❶ ⑩ 낮 ❷ ⑩ 짧
17 ⑩ 그림자 길이는 짧아지고 기온은 대체로 높아진다.
18 (1) ㉠, ㉢
　(2) ⑩ ㉠은 태양의 남중 고도가 가장 낮으므로 겨울이고, ㉢은 태양의 남중 고도가 가장 높으므로 여름이다.

16 (1) 안쪽
　(2) 낮
17 (1) 다르고
　(2) 비슷합
18 (1) 다릅
　(2) 높

Step 3

19 ❶ 여름 ❷ 여름 ❸ ⑩ 길어진다.
20 ⑩ 태양의 남중 고도는 높아지고 낮의 길이는 길어진다.

1 태양이 지표면과 이루는 각을 태양 고도라고 합니다.

2 태양이 정남쪽에 위치했을 때의 고도를 태양의 남중 고도라고 합니다.

3 태양 고도가 높아지면 그림자의 길이는 짧아지고 기온은 대체로 높아집니다.

4 태양의 남중 고도는 여름인 6~7월에 가장 높고, 기온도 여름인 7~8월에 가장 높습니다.

5 태양의 남중 고도가 높아지면 낮의 길이는 길어지고 밤의 길이는 짧아집니다.

6 태양 고도는 태양이 정남쪽에 있을 때 가장 높습니다.

7 태양 고도 측정기를 태양 빛이 잘 드는 편평한 곳에 놓고 막대기의 그림자 끝과 실이 이루는 각을 측정합니다.

8 태양 고도는 막대기의 그림자 끝과 실이 이루는 각을 측정하여 구합니다.

9 태양 고도가 가장 높을 때 그림자 길이가 가장 짧습니다.

10 태양 고도가 높아지면 그림자 길이는 짧아집니다.

11 기온이 가장 높은 시각은 태양이 남중한 시각보다 약 두 시간 뒤입니다.

12 낮의 길이는 18시 40분 − 6시 40분 = 12시간입니다.

13 태양의 남중 고도는 6~7월인 여름에 가장 높고 12~1월인 겨울에 가장 낮습니다.

14 태양의 남중 고도가 높아지는 여름에는 낮의 길이가 길고 밤의 길이가 짧습니다.

15 태양이 ㉢ 위치에 있을 때 태양 남중 고도가 가장 높고, ㉠ 위치에 있을 때 태양 남중 고도가 가장 낮습니다.

16 겨울에는 태양의 남중 고도가 낮습니다.

채점 기준		
(1)	'㉠'을 씀.	
(2)	❶에 '낮', ❷에 '짧'를 모두 정확히 씀.	상
	❶과 ❷ 중 한 가지만 정확히 씀.	중

17 태양 고도와 기온 그래프는 모양이 비슷하고, 태양 고도와 그림자 길이 그래프는 모양이 다릅니다.

채점 기준		
정답 키워드 그림자 | 짧아지다 | 기온 | 높아지다		
'그림자 길이는 짧아지고 기온은 대체로 높아진다.' 등의 내용을 정확히 씀.		상
그림자 길이와 기온의 변화 중 한 가지만 정확히 씀.		중

18 겨울에는 태양의 남중 고도가 가장 낮고, 여름에는 태양의 남중 고도가 가장 높습니다.

채점 기준		
(1)	'㉠, ㉢'을 순서대로 정확히 씀.	
(2)	정답 키워드 태양의 남중 고도 | 낮다 | 높다	
	'㉠은 태양의 남중 고도가 가장 낮으므로 겨울이고, ㉢은 태양의 남중 고도가 가장 높으므로 여름이다.' 등의 내용을 정확히 씀.	상
	겨울과 여름 중 한 계절에 대해서만 정확히 씀.	중

19 태양의 남중 고도는 여름에 가장 높고 낮의 길이는 여름에 가장 깁니다.

20 ㉠은 겨울, ㉡은 봄·가을, ㉢은 여름철 태양의 위치 변화를 나타냅니다.

개념 다지기
41쪽

1 (1) ㉢ (2) ㉠ (3) ㉡   **2** (가)   **3** 좁아, 많아
4 (1) ㉠ (2) ㉡   **5** ㉡   **6** ②

1 전등은 태양, 태양 전지판은 지표면, 전등과 태양 전지판이 이루는 각은 태양 고도를 나타냅니다.

2 전등과 태양 전지판이 이루는 각이 클 때 프로펠러의 바람 세기가 더 셉니다.

3 태양의 남중 고도가 높을수록 같은 면적의 태양 전지판에 도달하는 태양 에너지양은 많아집니다.

4~5 지구의 자전축이 기울어진 채 공전하면 태양의 남중 고도가 달라져 계절 변화가 생깁니다.

6 지구가 ㉠ 위치에 있을 때 북반구는 여름입니다.

단원 실력 쌓기
42~45쪽

Step 1

1 셉   **2** 많아, 높아   **3** 겨울   **4** 기울어진
5 높고, 낮습   **6** 높은, 낮은   **7** ㉢
8 ①, ④   **9** ㉠   **10** ㉡   **11** 시계 반대
12 52, 52   **13** 민진   **14** ③   **15** ③

Step 2

16 (1) ㉠ (2) ❶ 예 높 ❷ 예 태양 에너지양

17 예 여름에는 겨울보다 태양의 남중 고도가 높아서 일정한 면적의 지표면에 도달하는 태양 에너지양이 많기 때문이다.

> **16** (1) 셉
> (2) 고도
> **17** 여름
> **18** 반대입

18 예 ㉠ 위치에 있을 때는 태양의 남중 고도가 낮고, ㉡ 위치에 있을 때는 태양의 남중 고도가 높다.

Step 3

19 (1) 예 달라진다 (2) 태양의 남중 고도

20 예 기온이 높다. 예 지구가 ㉡ 위치에 있을 때보다 ㉠ 위치에 있을 때 태양의 남중 고도가 높아서 같은 면적의 지표면에 도달하는 태양 에너지양이 많기 때문이다.

1 전등과 태양 전지판이 이루는 각이 클 때 프로펠러의 바람 세기가 더 셉니다.

2 태양의 남중 고도가 높을수록 같은 면적의 지표면이 받는 태양 에너지양이 많아져 기온이 높아집니다.

3 겨울에는 태양의 남중 고도가 낮아 기온이 낮습니다.

4 지구의 자전축이 기울어진 채 태양 주위를 공전하기 때문에 계절 변화가 생깁니다.

5 북반구에서 여름에는 태양의 남중 고도가 높고, 겨울에는 태양의 남중 고도가 낮습니다.

6 여름에는 태양의 남중 고도가 높아서 기온이 높고 겨울에는 태양의 남중 고도가 낮아서 기온이 낮습니다.

7 전등의 기울기만 다르게 하여 실험합니다.

8 전등과 태양 전지판이 이루는 각이 클 때 태양 전지판이 더 많은 태양 에너지를 받아 프로펠러의 바람 세기가 더 셉니다.

9 손전등이 비추는 각이 커질수록 빛이 닿는 면적이 좁아지므로 같은 면적에 도달하는 빛의 양은 많아집니다.

10 태양의 남중 고도가 높을수록 같은 면적의 지표면에 도달하는 태양 에너지양이 많아집니다.

11 지구본은 시계 반대 방향으로 공전 시킵니다.

12 지구본의 자전축을 기울이지 않은 채 공전시키면 지구본의 위치에 따라 태양의 남중 고도가 달라지지 않습니다.

13 지구본의 자전축을 기울인 채 공전시키면 지구본의 위치에 따라 태양의 남중 고도가 달라집니다.

14 지구의 자전축이 기울어진 채 태양 주위를 공전하기 때문에 지구의 위치에 따라 태양의 남중 고도가 달라지고 계절 변화가 생깁니다.

15 지구가 ㉠ 위치에서는 북반구가 남반구보다 태양의 남중 고도가 높습니다.

16 전등과 태양 전지판이 이루는 각이 클 때 태양 전지판이 받는 태양 에너지양이 많아집니다.

채점 기준		
(1)	'㉠'을 씀.	
(2)	❶에 '높', ❷에 '태양 에너지양'을 모두 정확히 씀.	상
	❶과 ❷ 중 한 가지만 정확히 씀.	중

17 태양의 남중 고도가 높을수록 지표면이 받는 태양 에너지양이 많아져 기온이 높아집니다.

채점 기준	
정답 키워드 태양의 남중 고도 │ 태양 에너지양	
'여름에는 겨울보다 태양의 남중 고도가 높아서 일정한 면적의 지표면에 도달하는 태양 에너지양이 많기 때문이다.' 등의 내용을 정확히 씀.	상
태양의 남중 고도와 태양 에너지양 중 한 가지를 쓰지 못함.	중

18 북반구에서 태양의 남중 고도가 높을 때 남반구에서는 태양의 남중 고도가 낮습니다.

채점 기준	
정답 키워드 높다 │ 낮다	
'㉠ 위치에 있을 때는 태양의 남중 고도가 낮고, ㉡ 위치에 있을 때는 태양의 남중 고도가 높다.' 등의 내용을 정확히 씀.	상
㉠ 위치와 ㉡ 위치 중 한 가지만 정확히 씀.	중

19 지구의 자전축이 기울어진 채 태양 주위를 공전하여 태양의 남중 고도가 달라지므로 계절 변화가 생깁니다.

20 지구가 ㉠ 위치에 있을 때 북반구에 있는 우리나라는 태양의 남중 고도가 높습니다.

대단원 평가   46~49쪽

1 ④   **2** 태양 고도   **3** ③, ⑤
4 (1) ㉡ (2) ㉠   **5** (1) ㉠ 태양 고도 ㉡ 기온 ㉢ 그림자 길이 (2) 예 태양 고도가 높아지면 그림자 길이는 짧아지고, 태양 고도가 낮아지면 그림자 길이는 길어진다.   **6** ④, ⑤
7 ④   **8** ㉢   **9** (1) ㉢, ㉠ (2) 예 낮의 길이가 짧아진다.   **10** (1) ㉡ (2) ㉣   **11** ㉡   **12** (가)
13 ㉡   **14** ㉢   **15** (1) 예 태양의 남중 고도 (2) 예 태양의 남중 고도는 달라지지 않는다.
16 ㉠ 예 기울이지 않은 ㉡ 예 기울인
17 ❶ 예 달라진다. ❷ 예 달라지지 않는다.   **18** ㉢
19 ㉠ 공전 ㉡ 태양의 남중 고도   **20** ㉡

1 하루 동안 태양 고도는 태양이 정남쪽에 위치할 때 가장 높으며, 이때를 태양이 남중했다고 합니다.

2 태양 고도는 태양의 높이를 나타내는데, 막대기의 그림자 끝과 실이 이루는 각을 측정하여 알 수 있습니다.

3 막대기의 길이가 길어지면 그림자 길이도 길어지기 때문에 막대기의 길이를 길게 해도 태양 고도는 일정합니다.

4 오전 8시보다 오전 11시에 태양 고도가 더 높습니다.

5 태양 고도와 그림자 길이 그래프는 모양이 서로 다릅니다.

채점 기준		
(1)	㉠에 '태양 고도', ㉡에 '기온', ㉢에 '그림자 길이'를 모두 정확히 씀.	3점
	㉠~㉢ 중 두 가지를 정확히 씀.	2점
	㉠~㉢ 중 한 가지만 정확히 씀.	1점
(2)	**정답 키워드** 높다 │ 짧아지다 │ 낮다 │ 길어지다 '태양 고도가 높아지면 그림자 길이는 짧아지고, 태양 고도가 낮아지면 그림자 길이는 길어진다.' 등의 내용을 정확히 씀.	7점
	태양 고도와 그림자 길이의 관계에 대해 썼지만, 표현이 부족함.	3점

6 그림자 길이는 오전에 짧아지기 시작하여 12시 30분경에 가장 짧고 그 뒤에 길어집니다.

7 태양 고도가 높아지면 그림자 길이가 짧아집니다.

8 태양의 남중 고도가 가장 높은 ㉢이 기온이 가장 높을 때입니다.

9 여름에서 겨울로 갈수록 낮의 길이가 짧아집니다.

채점 기준		
(1)	'㉢, ㉠'을 순서대로 씀.	4점
(2)	**정답 키워드** 낮의 길이 | 짧다 '낮의 길이가 짧아진다.' 등의 내용을 정확히 씀.	8점
	여름에서 겨울이 될 때 낮의 길이 변화에 대해 썼지만, 표현이 부족함.	4점

10 낮의 길이는 6~7월에 가장 길고, 12~1월에 가장 짧습니다.

11 ㈏에서는 전등이 넓은 면적을 비추기 때문에 일정한 면적의 태양 전지판에 도달하는 에너지양이 ㈎보다 적습니다.

12 전등과 태양 전지판이 이루는 각이 클 때(태양 고도가 높을 때) 프로펠러의 바람 세기가 더 셉니다.

13 여름에는 태양의 남중 고도가 높아 같은 면적의 지표면에 도달하는 태양 에너지양이 많고 낮의 길이가 길어서 기온이 높습니다.

14 태양 고도가 높을 때 일정한 면적의 지표면에 도달하는 태양 에너지양이 많습니다.

15 지구본의 자전축이 기울어지지 않은 채 지구가 공전하면 태양의 남중 고도가 달라지지 않습니다.

채점 기준		
(1)	'태양의 남중 고도'를 씀.	2점
(2)	**정답 키워드** 달라지지 않다 등 '태양의 남중 고도는 달라지지 않는다.' 등의 내용을 정확히 씀.	8점
	자전축이 기울어지지 않았을 때 태양의 남중 고도 변화에 대해 썼지만, 표현이 부족함.	4점

16 지구본의 자전축을 기울이지 않은 채 공전시키면 태양의 남중 고도가 달라지지 않습니다.

17 지구본의 자전축을 기울이지 않은 채 공전시키면 태양의 남중 고도가 달라지지 않으므로 계절 변화가 생기지 않습니다.

18 지구의 공전 방향은 시계 반대 방향입니다.

19 지구의 자전축이 기울어진 채 태양 주위를 공전하여 태양의 남중 고도가 달라지기 때문에 계절 변화가 생깁니다.

20 지구가 ㉡ 위치에 있을 때 태양의 남중 고도가 낮습니다.

3. 연소와 소화

개념 다지기 55쪽

1 ㉢　　**2** 줄어듭니다　　**3** ④　　**4** ㉠
5 (1) ㉡ (2) ㉠　　　　**6** 발화점

1 초가 탈 때 불꽃의 모양은 위아래로 길쭉한 모양이고, 불꽃의 색깔은 노란색, 붉은색 등 다양합니다.

2 알코올이 탈 때 시간이 지날수록 양이 줄어듭니다.

3 물질이 탈 때는 물질의 양이 변합니다.

4 작은 아크릴 통 안에 공기(산소)가 더 적게 들어 있기 때문에 작은 아크릴 통 안의 초가 먼저 꺼집니다.

5 성냥 머리 부분이 향보다 불이 붙는 온도(발화점)가 낮기 때문에 먼저 불이 붙습니다.

6 연소가 일어나려면 온도가 발화점 이상이어야 합니다.

단원 실력 쌓기 56~59쪽

Step 1

1 윗부분　**2** 빛, 열　**3** 산소　**4** 발화점　**5** 연소
6 ④, ⑤　**7** ㉠　**8** ③　**9** ②　**10** ㉢
11 ③　**12** 산소　**13** ①　**14** ㉠　**15** ①, ⑤

Step 2

16 ❶ 열 ❷ 예 줄어든다
17 (1) 예 줄어들었다. (2) 예 초가 타면서 산소를 사용했기 때문이다.
18 예 물질의 온도가 발화점 이상으로 높아지기 때문이다.

16 빛, 열
17 (1) 높습
　　(2) 산소
18 발화점

Step 3

19 (1) ㉡, ㉢, ㉠ (2) <
20 (1) 성냥 머리 부분 (2) 예 성냥 머리 부분이 향보다 발화점이 낮기 때문이다.

1 초가 탈 때 불꽃의 윗부분은 밝습니다.

2 물질이 탈 때는 빛과 열이 납니다.

3 물질이 타기 위해서는 산소가 필요합니다.

4 물질의 온도를 발화점 이상으로 높이면 불을 직접 붙이지 않고도 물질을 태울 수 있습니다.

5 연소는 물질이 산소와 만나 빛과 열을 내는 현상입니다.

초가 탈 때 불꽃의 모양은 위아래로 길쭉한 모양이고, 불꽃 옆으로 손을 가까이하면 따뜻합니다.

물질이 탈 때는 빛과 열이 발생합니다.

케이크 위의 촛불은 빛을 이용하는 예이고, 가스레인지의 불꽃과 숯불은 열을 이용하는 예입니다.

작은 초가 모두 타서 촛불이 먼저 꺼지는데, 이것으로 초가 탈 때 탈 물질이 필요하다는 것을 알 수 있습니다.

10 실험에서 아크릴 통의 크기만 다르게 해야 합니다.

11 큰 아크릴 통 안에 공기(산소)가 더 많이 들어 있기 때문에 큰 아크릴 통 안의 촛불이 더 오래 탑니다.

12 초가 타기 전보다 타고 난 후 산소 비율은 줄어듭니다.

13 성냥의 머리 부분이 나무 부분보다 불이 붙는 온도(발화점)가 더 낮기 때문에 먼저 불이 붙습니다.

14 점화기를 사용하는 것은 불을 직접 붙이는 경우입니다.

15 연소가 일어나려면 탈 물질, 산소, 발화점 이상의 온도가 필요합니다.

16 물질이 탈 때는 빛과 열이 발생하여 주변이 밝아지고 따뜻해지며, 시간이 지날수록 물질의 양이 줄어듭니다.

채점 기준	
❶에 '열', ❷에 '줄어든다'를 모두 정확히 씀.	상
❶과 ❷ 중 한 가지만 정확히 씀.	중

17 초가 타면서 산소를 사용하기 때문에 초가 타고 난 후 초가 타기 전보다 산소 비율이 줄어듭니다.

채점 기준		
(1)	'줄어들었다.'를 정확히 씀.	
(2)	**정답 키워드** 타다 │ 산소 '초가 타면서 산소를 사용했기 때문이다.' 등의 내용을 정확히 씀.	상
	산소 비율이 줄어든 까닭을 썼지만, 표현이 부족함.	중

18 물질의 온도를 발화점 이상으로 높이면 불을 직접 붙이지 않고도 물질을 태울 수 있습니다.

채점 기준	
정답 키워드 발화점 │ 이상 │ 높아지다 '물질의 온도가 발화점 이상으로 높아지기 때문이다.' 등의 내용을 정확히 씀.	상
성냥갑에 성냥 머리를 마찰하여 불을 켤 수 있는 까닭을 썼지만, 표현이 부족함.	중

19 공기(산소)의 양이 적을수록 촛불이 빨리 꺼지며, 아크릴 통으로 덮지 않은 ㉠ 초는 계속 탑니다.

20 성냥 머리 부분은 향보다 발화점이 낮기 때문에 성냥 머리 부분에 불이 먼저 붙습니다.

개념 다지기   63쪽

1 ④   **2** (1) ㉡ (2) ㉠   **3** ㉠, ㉣   **4** ②
5 ㉡, ㉢, ㉣   **6** 등지고

1 푸른색 염화 코발트 종이는 물에 닿으면 붉은색으로 변하는 성질이 있습니다.

2 푸른색 염화 코발트 종이로 물을 확인할 수 있고, 석회수로 이산화 탄소를 확인할 수 있습니다.

3 알코올이 연소한 후 물과 이산화 탄소가 생성됩니다.

4 촛불을 입으로 불면 탈 물질이 날아가기 때문에 촛불이 꺼집니다.

5 탈 물질, 산소, 발화점 이상의 온도가 모두 있어야만 연소가 일어나며, 이 중 한 가지 이상을 없애면 불이 꺼집니다.

6 소화기 손잡이 부분의 안전핀을 뽑은 다음, 바람을 등지고 서서 호스의 끝부분을 잡고 불이 난 방향을 향해 손잡이를 움켜쥐고 불을 끕니다.

단원 실력 쌓기   64~67쪽

Step ①

1 붉게   **2** 물, 이산화 탄소   **3** 산소   **4** 소화
5 119   **6** 물   **7** ㉠   **8** ②
9 이산화 탄소   **10** (1) ㉢ (2) ㉡ (3) ㉠   **11** ①
12 ①, ④   **13** ㉠, ㉢, ㉡, ㉣   **14** ⑤

Step ②

15 ❶ 물 ❷ 예 붉은색
16 (1) 예 꺼진다. (2) 예 탈 물질이 없어지기 때문이다.
17 예 소화기나 마른 모래로 불을 꺼야 한다.

15 연소
16 (1) 탈 물질
(2) 탈 물질
17 물

Step ③

18 ㉡
19 (1) ㉠ (2) ㉢ (3) ㉡
20 예 탈 물질, 산소, 발화점 이상의 온도 중 한 가지 이상의 조건을 없애 불을 끄는 것이다.

1 푸른색 염화 코발트 종이는 물에 닿으면 붉은색으로 변합니다.

2 초가 연소한 후 물과 이산화 탄소가 생성됩니다.

3 촛불을 컵으로 덮으면 산소가 공급되지 않아 촛불이 꺼집니다.

4 소화는 연소가 일어날 때 한 가지 이상의 연소 조건을 없애 불을 끄는 것입니다.

5 화재가 발생하면 안전하게 대피하고 119에 신고합니다.

6 푸른색 염화 코발트 종이는 물에 닿으면 붉은색으로 변합니다.

7 초가 연소한 후 푸른색 염화 코발트 종이가 붉은색으로 변합니다.

8 초가 연소한 후 물이 생성되었기 때문에 푸른색 염화 코발트 종이가 붉은색으로 변합니다.

9 석회수를 뿌옇게 흐려지게 하는 것은 이산화 탄소입니다.

10 촛불에 물을 뿌리면 발화점 미만으로 온도가 낮아지기 때문에 불이 꺼지고, 촛불을 컵으로 덮으면 산소가 공급되지 않아서 불이 꺼지며, 촛불을 입으로 불면 탈 물질이 날아가 촛불이 꺼집니다.

11 향초의 심지를 핀셋으로 집거나 가스레인지의 연료 조절 밸브를 잠그면 탈 물질이 없어져서 불이 꺼집니다.

12 기름, 가스, 전기 기구에 의한 화재는 물을 사용하면 안 되고 소화기나 마른 모래를 이용해 불을 꺼야 합니다.

13 불이 나면 "불이야!"를 외치고 불이 난 곳으로 소화기를 옮긴 다음, 소화기의 안전핀을 뽑습니다. 그다음 호스의 끝부분을 잡고 불이 난 방향을 향해 손잡이를 힘껏 움켜쥐고 소화 물질을 뿌립니다.

14 화재가 발생했을 때는 승강기를 타면 위험하므로 반드시 계단을 이용해 이동합니다.

15 초가 연소한 후 아크릴 통 안에 붙인 푸른색 염화 코발트 종이가 붉은색으로 변하는데, 그 까닭은 초가 연소한 후에 물이 생성되기 때문입니다.

채점 기준		
❶에 '물', ❷에 '붉은색'을 모두 정확히 씀.		상
❶과 ❷ 중 한 가지만 정확히 씀.		중

16 초의 심지를 핀셋으로 집으면 심지를 통해서 탈 물질이 공급되지 못하기 때문에 촛불이 꺼집니다.

채점 기준		
(1)	'꺼진다.'를 정확히 씀.	
(2)	**정답 키워드** 탈 물질 ┃ 없다 '탈 물질이 없어지기 때문이다.' 등의 내용을 정확히 씀.	상
	초의 심지를 핀셋으로 집었을 때 촛불이 꺼지는 까닭을 썼지만, 표현이 부족함.	중

17 전기에 의한 화재는 물을 사용하면 감전이 될 수 있어 위험하므로 소화기를 사용하거나 마른 모래를 덮어 불을 끕니다.

채점 기준		
정답 키워드 소화기 ┃ 마른 모래 등 '소화기나 마른 모래로 불을 꺼야 한다.' 등의 내용을 정확히 씀.		상
전기 기구에서 화재가 발생했을 때 소화 방법에 대해 썼지만, 표현이 부족함.		중

18 촛불을 컵으로 덮으면 산소가 공급되지 않기 때문에 촛불이 꺼집니다.

19 촛불을 입으로 불거나 가스레인지의 연료 조절 밸브를 잠그면 탈 물질이 없어지기 때문에 불이 꺼지고, 촛불에 물을 뿌리거나 소화전을 이용해 물을 뿌리면 발화점 미만으로 온도가 낮아져 불이 꺼지며, 알코올램프의 뚜껑을 덮으면 산소가 공급되지 않기 때문에 불이 꺼집니다.

20 연소가 일어날 때 한 가지 이상의 연소 조건을 없애 불을 끄는 것을 소화라고 합니다.

대단원 평가 68~71쪽

1 ㉢　　**2** ㉡　　**3** ②, ③　　**4** ④
5 (1) ㉡ (2) 작은 아크릴 통(㉠)보다 큰 아크릴 통(㉡) 안에 공기(산소)가 더 많이 들어 있기 때문이다.　　**6** ㉡
7 산소　　**8** 발화점　　**9** (1) 성냥 머리 부분, 향 (2) ㉔ 성냥 머리 부분이 향보다 불이 붙는 온도(발화점)가 낮기 때문이다.
10 ③　　**11** (1) 산소, 연소 (2) 탈 물질 (3) 발화점 (4) 소화
12 ④　　**13** ②　　**14** ①　　**15** 이산화 탄소
16 ㉔ 온도가 발화점 미만으로 낮아지기 때문이다.
17 (1) ㉠, ㉤ (2) ㉡, ㉣ (3) ㉢, ㉥　　**18** 지원　　**19** ㉡
20 ③

1 불꽃의 윗부분은 밝고, 아랫부분은 윗부분보다 어둡습니다.

2 알코올이 탈 때 시간이 지날수록 알코올의 양이 줄어듭니다.

3 초와 알코올이 탈 때에는 빛과 열이 발생하여 주변이 밝아지고 따뜻해지며, 물질의 양이 변합니다.

4 가스레인지의 불꽃, 생일 케이크 위의 촛불, 벽난로의 장작불, 어두운 밤 강물 위에 띄운 유등은 모두 물질이 탈 때 발생하는 빛이나 열을 이용하는 예입니다.

5 공기(산소)가 더 많이 들어 있는 큰 아크릴 통(ⓛ)안의 초가 더 오래 탑니다.

채점 기준		
(1)	'ⓛ'을 씀.	4점
(2)	**정답 키워드** 산소 | 많다 '작은 아크릴 통(㉠)보다 큰 아크릴 통(ⓛ) 안에 공기(산소)가 더 많이 들어 있기 때문이다.' 등의 내용을 정확히 씀.	8점
	ⓛ 아크릴 통 속의 초가 더 오래 타는 까닭을 썼지만, 표현이 부족함.	4점

초가 타면서 산소를 사용하기 때문에 초가 타고 난 후 산소 비율은 초가 타기 전보다 줄어듭니다.

물질이 타기 위해서는 산소가 필요합니다. 산소가 없으면 탈 물질이 있더라도 타지 않습니다.

물질의 온도를 발화점 이상으로 높이면 불을 직접 붙이지 않고도 물질을 태울 수 있습니다.

성냥 머리 부분이 향보다 불이 붙는 온도(발화점)가 낮기 때문에 성냥 머리 부분에 먼저 불이 붙습니다.

채점 기준		
(1)	'성냥 머리 부분', '향'을 순서대로 정확히 씀.	4점
(2)	**정답 키워드** 탈 물질 | 없다 '성냥 머리 부분이 향보다 불이 붙는 온도(발화점)가 낮기 때문이다.' 등의 내용을 정확히 씀.	8점
	성냥 머리 부분에 먼저 불이 붙는 까닭을 썼지만, 표현이 부족함.	4점

물질의 온도를 발화점 이상으로 높이면 불을 직접 붙이지 않고도 물질을 태울 수 있습니다.

연소가 일어나려면 탈 물질, 산소, 발화점 이상의 온도가 모두 있어야 하며, 한 가지 이상의 연소 조건을 없애 불을 끄는 것을 소화라고 합니다.

12~13 초가 연소한 후 푸른색 염화 코발트 종이의 색깔이 붉은색으로 변한 것을 통해 초가 연소한 후 물이 생성되는 것을 알 수 있습니다.

초가 연소한 아크릴 통에 석회수를 붓고 살짝 흔들면 석회수가 뿌옇게 흐려집니다.

15 석회수는 이산화 탄소를 만나면 뿌옇게 흐려지는 성질이 있으므로 초가 연소한 후 이산화 탄소가 생성된다는 것을 알 수 있습니다.

16 촛불에 분무기로 물을 뿌리면 발화점 미만으로 온도가 낮아지기 때문에 촛불이 꺼집니다.

채점 기준		
	정답 키워드 발화점 | 미만 | 낮아지다 '온도가 발화점 미만으로 낮아지기 때문이다.' 등의 내용을 정확히 씀.	8점
	물을 뿌리면 촛불이 꺼지는 까닭을 썼지만, 표현이 부족함.	4점

17 ㉠과 ⓜ은 탈 물질이 없어지기 때문에 불이 꺼지고, ⓛ과 ㉣은 산소가 공급되지 않아 불이 꺼지며, ㉢과 ⓑ은 발화점 미만으로 온도가 낮아져 불이 꺼집니다.

18 전기 기구에 의한 화재는 물을 사용하면 안 되고 소화기를 사용하거나 마른 모래로 덮어 불을 꺼야 합니다.

19 ㉠은 호스, ⓛ은 안전핀, ㉢은 손잡이입니다.

20 연기가 방 안에 들어오지 못하도록 물을 적신 옷이나 이불로 문틈을 막아야 합니다.

4. 우리 몸의 구조와 기능

개념 다지기 75쪽

1 기관 **2** ⑤ **3** (1) ⓛ (2) ㉠ **4** ③
5 선영 **6** 근육

1 기관은 우리가 살아가는 데 필요한 일을 하는 몸속 부분입니다.

2 머리뼈는 위쪽은 둥글고, 아래쪽은 각이 져 있습니다.

3 목뼈는 모양이 비슷한 여러 개의 조각으로 이루어져 있고, 팔뼈는 길이가 길며 아래쪽 뼈는 긴뼈 두 개로 이루어져 있습니다.

4 모형의 비닐봉지가 나타내는 것은 근육입니다.

5 공기를 불어 넣기 전의 비닐봉지의 길이가 공기를 불어 넣은 후의 비닐봉지의 길이보다 깁니다.

6 팔 안쪽 근육의 길이가 줄어들면 아래팔뼈가 올라와 팔이 구부러집니다.

단원 실력 쌓기 80~83쪽

Step 1

1 근육 **2** 소화 **3** 위 **4** 폐 **5** 콩팥
6 연진 **7** ②, ③ **8** 예 흡수 **9** ㉠ 식도 ㉡ 작은창자
10 ⑤ **11** ㉡ **12** ③ **13** ② **14** ③
15 예 혈액

Step 2

16 (1) ㉠
　　(2) ❶ 예 액체
　　　 ❷ 예 음식물
17 (1) 예 펌프
　　(2) 예 혈액이 이동하는 통로이다.

16 (1) 위
(2) 분비
17 (1) 혈액
(2) 이동

Step 3

18 예 줄어들고 **19** ㉠ 뼈 ㉡ 근육
20 예 팔 안쪽 근육의 길이가 줄어들면 아래팔뼈가 올라와
팔이 구부러지고, 팔 안쪽 근육의 길이가 늘어나면 아래팔
뼈가 내려가 팔이 펴진다.

1 근육은 뼈에 연결되어 길이가 줄어들거나 늘어나면서
뼈를 움직이게 합니다.

2 소화는 음식물의 영양소를 몸속으로 흡수할 수 있게
음식물을 잘게 쪼개고 분해하는 과정입니다.

3 위는 작은창자와 연결되어 있고, 소화를 돕는 액체를
분비해 음식물과 섞은 다음 더 잘게 쪼갭니다.

4 숨을 들이마실 때 코로 들어온 공기는 기관, 기관지를
거쳐 폐에 도달합니다.

5 콩팥은 혈액 속의 노폐물을 걸러 오줌으로 만듭니다.
방광은 오줌을 모아 두었다가 몸 밖으로 내보냅니다.

6 뼈는 우리 몸의 형태를 만듭니다.

7 팔을 구부렸을 때 팔 안쪽 근육이 오므라들고, 근육의
길이가 줄어듭니다.

8 소화 기관은 음식물의 소화와 흡수 등을 담당하는 기관
입니다.

9 음식물이 우리 몸속에서 소화될 때 입 → 식도 → 위
→ 작은창자 → 큰창자 → 항문 순서대로 이동합니다.

10 숨을 들이마시고 내쉴 때 몸속에서 공기가 이동합니다.

11 폐는 주머니 모양으로 좌우 한 쌍이 있으며 공기 중의
산소를 받아들이고, 몸에서 생긴 이산화 탄소를 내보
냅니다.

더 알아보기

숨을 들이마실 때의 폐
폐는 근육이 없어서 스스로 운동하지 못합니다. 숨을 들이마시는
것은 폐를 둘러싸고 있는 가로막이 내려가고 갈비뼈가 올라가
가슴속의 압력이 낮아져 바깥 공기가 폐 속으로 밀려 들어오는
것입니다.

12 심장은 일반적으로 가슴 가운데에서 약간 왼쪽으로 치우쳐
있고, 펌프 작용으로 혈액을 순환시키는 둥근 주머니
모양의 순환 기관입니다.

13 주입기의 펌프를 느리게 누르면 붉은 색소 물이 느리게
움직입니다.

14 콩팥에서 걸러 낸 노폐물을 모아 두었다가 몸 밖으로
내보내는 기관은 방광입니다. 오줌관은 콩팥에서 방광
으로 오줌이 이동하는 통로입니다.

15 노폐물은 혈액에 실려 이동하다가 콩팥에서 걸러지고
걸러진 노폐물은 오줌이 됩니다.

16 식도(㉠)는 음식물을 위로 이동시키고, 위(㉡)는 소화를
돕는 액체를 분비하여 음식물과 섞은 다음 더 잘게
쪼갭니다.

채점 기준		
(1)	'㉠'을 정확히 씀.	
(2)	❶ '액체', ❷ '음식물' 두 가지를 모두 정확히 씀.	상
	❶과 ❷ 중 한 가지만 정확히 씀.	중

17 심장은 펌프 작용으로 혈액을 온몸으로 순환시키고
혈관은 혈액이 이동하는 통로입니다. 심장에서 나온
혈액은 혈관을 따라 이동합니다.

채점 기준		
(1)	'펌프'를 정확히 씀.	
(2)	**정답 키워드** 혈액 | 통로 등 '혈액이 이동하는 통로이다.'와 같이 내용을 정확히 씀.	상
	'이동하는 통로이다.'와 같이 무엇이 이동하는 통로인지는 쓰지 못함.	중

18 공기를 불어 넣으면 비닐봉지의 길이가 줄어들고,
그림이 위로 올라옵니다.

19 뼈 모형은 우리 몸의 뼈, 비닐봉지는 우리 몸의 근육을
나타냅니다.

20 팔 안쪽 근육의 길이가 줄어들면 아래팔뼈가 올라와 팔이
구부러지고, 팔 안쪽 근육의 길이가 늘어나면 아래팔뼈가
내려가 팔이 펴집니다.

Step 1

1 귀　**2** ㉠ 신경　**3** ㉠ 뇌　**4** 운동한 직후
5 산소　**6** 눈　**7** ②　**8** ①
9 ㉠ 자극 ㉡ 반응　**10** 신경　**11** ㉡　**12** ②
13 ①, ②　**14** (1) ㉡ (2) ㉢ (3) ㉠ (4) ㉣

Step 2

15 (1) 눈
(2) ❶ 예 뜨거움 ❷ 예 촉감
16 (1) 예 팔 벌려 뛰기를 할 때,
달리기를 할 때 등
(2) 예 심장이 빠르게 뛰면 혈액
순환이 빨라져서 우리 몸에
많은 양의 영양소와 산소가 공급되어 에너지를 많이
낼 수 있기 때문이다.
17 예 운동을 하면 체온이 올라가고 맥박은 빨라지며, 운동한
뒤 휴식을 취하면 운동하기 전과 비슷해진다.

15 (1) 보는
(2) 피부
16 (1) 운동할
(2) 혈액
17 올라, 빨라

Step 3

18 ❶ 예 산소 ❷ 예 노폐물
19 ❶ 예 맥박 수 ❷ 예 빨라진다
20 예 운동을 하면 몸에서 에너지를 많이 내면서 열이 많이
나기 때문에 체온이 올라가고, 산소와 영양소를 많이
이용하므로 심장이 빠르게 뛰어 맥박이 빨라진다.

귀는 소리를 듣는 감각 기관입니다.
신경이 감각 기관에서 받아들인 자극을 뇌로 전달합니다.
뇌에서 자극을 해석하여 반응을 결정하고 명령을 내립니다.
운동하기 전보다 운동한 직후의 체온이 더 높습니다.
운동할 때 산소와 영양소를 많이 이용합니다.
주변에서 발생한 자극을 받아들이는 기관을 감각 기관
이라고 합니다.
우리 몸의 감각 기관에는 눈, 귀, 코, 혀, 피부 등이
있습니다.
혀로 맛을 알 수 있습니다.
고소한 냄새를 맡는 것(코)과 빵을 보는 것(눈)은 자극
이고, 빵을 먹는 것은 반응입니다.
자극이 전달되고 반응하는 과정은 감각 기관 → 자극을
전달하는 신경 → 뇌 → 명령을 전달하는 신경 → 운동
기관의 순서입니다.
운동을 할 때에는 심장이 빠르게 뜁니다.

12 우리 몸은 에너지를 내기 위해 산소가 필요한데, 호흡이
빨라지면 산소를 많이 공급할 수 있습니다.

13 운동하기 전보다 운동한 직후의 체온이 더 높고, 맥박이
더 빠릅니다.

14 감각 기관은 주변의 자극을 받아들이고, 배설 기관은
혈액 속에 있는 노폐물을 걸러 내어 오줌으로 내보냅니다.
호흡 기관은 산소를 흡수하고 이산화 탄소를 몸 밖으로
내보내며, 운동 기관은 영양소와 산소를 이용하여
몸을 움직입니다.

15 얼굴의 윗부분에 두 개가 있으며 사물을 보는 것은 눈이고,
몸 표면을 감싸는 피부는 차가움과 뜨거움, 촉감,
아픔 등을 느낍니다.

채점 기준		
(1)	'눈'을 정확히 씀.	
(2)	❶ '뜨거움', ❷ '촉감' 두 가지를 모두 정확히 씀.	상
	❶과 ❷ 중 한 가지만 정확히 씀.	중

16 영양소와 산소는 혈액에 의해 온몸으로 공급됩니다.
혈액 순환이 빨라지면 우리 몸에 더 많은 양의 영양소와
산소가 공급될 수 있습니다.

채점 기준		
(1)	'팔 벌려 뛰기를 할 때', '달리기를 할 때' 등을 정확히 씀.	
(2)	**정답 키워드** 혈액 순환 | 영양소와 산소 공급 등 '심장이 빠르게 뛰면 혈액 순환이 빨라져서 우리 몸에 많은 양의 영양소와 산소가 공급되어 에너지를 많이 낼 수 있기 때문이다'와 같이 내용을 정확히 씀.	상
	심장이 빠르게 뛰는 까닭을 썼지만, 표현이 부족함.	중

17 운동하기 위해서는 평소보다 더 많은 영양소와 산소가
필요하므로 맥박과 호흡이 빨라집니다. 또 체온이 올라
가고 땀이 나기도 합니다.

채점 기준		
	정답 키워드 체온 – 올라간다 | 맥박 – 빨라진다 | 운동하기 전과 비슷하다 등 '운동을 하면 체온이 올라가고 맥박은 빨라지며, 운동한 뒤 휴식을 취하면 운동하기 전과 비슷해진다.'와 같이 내용을 정확히 씀.	상
	운동할 때와 휴식을 취했을 때의 체온과 맥박의 변화에 대해 썼지만, 표현이 부족함.	중

18 호흡 기관은 우리 몸에 필요한 산소를 받아들이고, 이산화
탄소를 몸 밖으로 내보냅니다. 배설 기관은 혈액에
있는 노폐물을 걸러 내어 오줌으로 배설합니다.

교과서 진도북 80~89쪽

19 운동할 때는 맥박과 호흡이 빨라집니다.

20 운동을 하면 체온이 올라가고, 심장이 빠르게 뛰어 맥박과 호흡이 빨라집니다.

대단원 평가 90~93쪽

1 ㉔ 운동 기관　**2** ㉡　**3** 근육, ㉔ 팔 안쪽 근육의 길이가 줄어들면 아래팔뼈가 올라와 팔이 구부러진다.
4 혜인　**5** ⑤　**6** ⑤　**7** ②
8 ㉠ 산소 ㉡ 이산화 탄소　**9** (1) ㉢ (2) ㉔ 기관과 폐를 연결하며 공기가 이동하는 통로이다.　**10** ②, ③
11 ㉠ 심장 ㉡ 혈관 ㉢ 혈액　**12** ②　**13** ㉡
14 ㉡　**15** ㉠　**16** (1) ㉡ (2) ㉠ (3) ㉢ (4) ㉣
17 (1) 자극, 반응 (2) ㉔ 날씨가 무척 더울 때 팔을 뻗어 음료수를 마신다. 등　**18** ④　**19** 산소　**20** 현지

1 몸을 움직이는 데 관여하는 뼈와 근육을 운동 기관이라고 합니다.

2 공기를 불어 넣으면 비닐봉지가 부풀어 오르면서 비닐봉지의 길이가 줄어듭니다.

3 근육은 뼈에 연결되어 있어 몸을 움직일 수 있게 합니다.

채점 기준	
정답 키워드 근육 길이 – 줄어든다 | 아래팔뼈 – 올라온다 등 '근육'을 정확히 쓰고, '팔 안쪽 근육의 길이가 줄어들면 아래팔뼈가 올라와 팔이 구부러진다.'와 같이 내용을 정확히 씀.	8점
'근육'을 정확히 썼지만, 팔이 구부러지는 원리는 정확히 쓰지 못함.	4점

4 소화는 우리 몸에 필요한 영양소가 들어 있는 음식물을 잘게 쪼개 몸에 흡수될 수 있는 형태로 분해하는 과정을 말합니다.

5 항문은 소화되지 않은 음식물 찌꺼기를 배출합니다.

6 음식물은 입 → 식도 → 위 → 작은창자 → 큰창자 → 항문 순으로 이동하여 소화됩니다.

7 호흡에 관여하는 기관은 코, 기관, 기관지, 폐 등입니다. 위와 식도, 작은창자, 항문은 소화에 관여하는 기관입니다.

8 폐는 몸 밖에서 들어온 산소를 받아들이고, 몸 안에서 생긴 이산화 탄소를 몸 밖으로 내보냅니다.

9 기관지는 기관과 폐 사이를 이어주는 관으로 공기가 이동하는 통로입니다.

채점 기준		
(1)	'㉢'을 정확히 씀.	4점
(2)	**정답 키워드** 공기 | 통로 등 '기관과 폐를 연결하며 공기가 이동하는 통로이다.'와 같이 내용을 정확히 씀.	8점
	'통로이다.'와 같이 무엇이 이동하는 통로인지는 쓰지 못함.	4점

10 혈관의 굵기는 굵은 것부터 매우 가는 것까지 다양하고 온몸에 복잡하게 퍼져 있으며, 펌프 작용으로 혈액을 순환시키는 것은 심장입니다. 산소는 혈관을 통해 이동할 수 있습니다.

11 주입기의 펌프는 심장, 주입기의 관은 혈관, 붉은 색소 물은 혈액을 나타냅니다.

12 주입기의 펌프를 느리게 누르면 붉은 색소 물의 이동 빠르기가 느려지고, 이동량이 적어집니다.

13 콩팥에서 방광으로 오줌이 이동하는 통로는 오줌관입니다. 요도는 오줌이 몸 밖으로 이동하는 통로입니다.

14 노란 색소 물만 거름망을 통과하여 비커에 모이고, 붉은 모래는 거름망 위에 남아 있습니다.

15 실험의 거름망은 우리 몸의 콩팥(㉠)에 해당합니다. 콩팥에서 혈액 속의 노폐물을 거릅니다.

16 코는 냄새를 맡고, 귀는 소리를 들으며 혀는 맛을 느낍니다. 피부는 뜨거움과 차가움, 촉감, 아픔 등을 느낍니다.

17 감각 기관이 받아들인 자극은 온몸에 퍼져 있는 신경을 통해 전달되고, 뇌는 전달된 자극을 해석하여 행동을 결정하고 운동 기관에 명령을 내립니다.

채점 기준		
(1)	'자극', '반응' 두 가지를 모두 정확히 씀.	4점
	'자극', '반응' 중 한 가지만 정확히 씀.	2점
(2)	**정답 키워드** 날씨 – 덥다 | 음료수 – 마신다 등 '날씨가 무척 더울 때 팔을 뻗어 음료수를 마신다.' 등과 같이 내용을 정확히 씀.	8점
	자극을 받아들여 반응하는 예를 썼지만, 표현이 부족함.	4점

18 운동을 하면 체온이 올라가고 맥박 수가 증가합니다. 또 호흡이 빨라지고 땀이 나기도 합니다.

19 운동을 할 때는 평소보다 더 많은 영양소와 산소가 필요합니다.

20 배설 기관은 혈액 속의 노폐물을 걸러 내어 오줌으로 배설합니다.

5. 에너지와 생활

99쪽

에너지 **2** (1) ⓒ (2) ⓐ **3** ② **4** ⓒ
운동 **6** (1) ○ (2) ×

생물이 살아가거나 기계가 움직이려면 에너지가 필요합니다.

귤나무와 같은 식물은 광합성을 하여 스스로 양분을 만들어 에너지를 얻고, 살쾡이와 같은 동물은 다른 생물을 먹고 그 양분으로 에너지를 얻습니다.

움직이는 물체가 가지고 있는 에너지는 운동 에너지입니다.

높은 곳에 있는 추와 같이 높은 곳에 있는 물체가 가지고 있는 에너지는 위치 에너지입니다.

폭포의 물이 높은 곳에서 낮은 곳으로 떨어지므로 위치 에너지가 운동 에너지로 전환됩니다.

태양 전지는 태양의 빛에너지가 전기 에너지로 전환된 것입니다.

101쪽

열 **2** 겨울잠 **3** 세탁기 **4** ③ **5** ⓒ
ⓒ

겨울눈은 여러 겹의 비늘 껍질과 따뜻한 털로 추운 겨울에 열에너지가 빠져나가는 것을 줄여 주어 어린싹이 얼지 않도록 합니다.

동물은 먹이가 부족한 추운 겨울에 겨울잠을 자면서 에너지를 효율적으로 이용합니다.

에너지 소비 효율 등급이 1등급에 가까운 제품일수록 에너지 효율이 높은 제품입니다.

에너지를 효율적으로 이용하기 위해서 백열등보다 전기 에너지가 빛에너지로 더 많이 전환되는 발광 다이오드[LED]등을 설치해야 합니다.

전기 에너지가 빛에너지로 전환되는 비율은 백열등에서는 5 %, 발광 다이오드[LED]등에서는 95 %입니다.

전기 에너지가 빛에너지로 많이 전환되는 발광 다이오드[LED]등이 백열등보다 에너지 효율이 높습니다.

단원 실력 쌓기 102~105쪽

Step 1

1 에너지 **2** 식물, 동물 **3** 운동 에너지
4 에너지 전환 **5** 예 태양 **6** ⑤ **7** ①, ④
8 정현 **9** ③ **10** ⓒ **11** 2 **12** ④, ⑤
13 ④ **14** ③

Step 2

15 ❶ 예 빛 ❷ 예 생물
16 (1) 예 빛에너지 등
　　(2) 예 전기 에너지가 빛에너지로 전환된다.
17 예 전기 에너지가 열에너지로 전환된다.

15 식물, 동물
16 (1) 열
　　(2) 빛
17 전환

Step 3

18 (가) ⓒ (나) ⓓ
19 예 태양
20 (가) 예 여러 가지 가전제품을 작동할 수 있게 해 준다.
　　(나) 예 수력 발전을 하여 전기 에너지를 만든다.

1 생물이 살아가거나 우리가 생활에서 유용하게 사용하는 기계가 작동하려면 에너지가 필요합니다.

> **더 알아보기**
> **일상생활에서 에너지가 필요한 까닭과 에너지를 얻는 방법**
> • 에너지가 필요한 까닭: 생물이 살아가거나 기계가 작동할 때 에너지가 꼭 필요하기 때문입니다.
> • 에너지를 얻는 방법: 석탄, 석유, 천연가스, 햇빛, 바람, 물 등 여러 가지 에너지 자원에서 얻습니다.

2 식물은 햇빛을 받아 광합성을 하여 스스로 양분을 만들어 에너지를 얻고, 동물은 식물이나 다른 동물을 먹고 그 양분으로 에너지를 얻습니다.

3 움직이는 물체는 운동 에너지를 가집니다.

4 한 에너지는 다른 에너지로 형태가 바뀔 수 있습니다. 이와 같이 에너지 형태가 바뀌는 것을 에너지 전환이라고 합니다.

5 우리가 사용하는 대부분의 에너지는 태양에서 온 에너지 형태가 전환된 것입니다.

> **더 알아보기**
> **햇빛이 없다면 일어날 수 있는 일**
> • 식물은 광합성으로 양분을 만들지 못해 살 수 없습니다.
> • 식물을 먹고 사는 동물과 다른 동물을 먹고 사는 동물도 에너지를 얻을 수 없습니다.

6 식물은 빛을 이용하여 스스로 양분을 만들어 에너지를 얻고, 동물은 다른 생물을 먹고 그 양분으로 에너지를 얻습니다.

7 토끼, 살쾡이와 같은 동물은 다른 생물을 먹고 얻은 양분으로 에너지를 얻습니다. 토마토와 굴나무는 햇빛 등을 이용하여 스스로 양분을 만들어 에너지를 얻습니다. 생물이 에너지를 얻는 방법은 다양합니다.

8 가스를 사용하지 못한다면 가스레인지를 사용하지 못해 음식을 끓여 먹을 수 없고, 보일러를 사용하지 못해 집 안을 따뜻하게 하기 어려우며 물을 데울 수가 없어 찬물로 씻어야 합니다.

9 움직이는 물체와 관련된 에너지 형태는 운동 에너지입니다.

> **더 알아보기**
> **여러 가지 형태의 에너지**
> • 열에너지: 물체의 온도를 높일 수 있는 에너지
> • 전기 에너지: 전기 기구를 작동하게 하는 에너지
> • 빛에너지: 주위를 밝게 비출 수 있는 에너지
> • 화학 에너지: 음식물, 석유, 석탄 등이 가진 에너지
> • 운동 에너지: 움직이는 물체가 가진 에너지
> • 위치 에너지: 높은 곳에 있는 물체가 가진 에너지

10 광합성을 하는 사과나무는 화학 에너지를 가지고 있습니다. 화학 에너지는 물질 안에 저장되어 있는 에너지로, 생물의 생명 활동에 필요합니다.

> **더 알아보기**
> **광합성**
> 식물이 빛 등을 이용하여 이산화 탄소와 물로 양분을 만드는 것입니다.

11 1구간에서는 전기 에너지가 운동 에너지와 위치 에너지로 전환되고, 2구간에서는 위치 에너지가 운동 에너지로 전환되며, 3구간에서는 운동 에너지가 위치 에너지로 전환됩니다.

12 전기밥솥과 전기다리미는 전기 에너지를 열에너지로 전환하여 사용하는 기구입니다.

> **왜 틀렸을까?**
> ① 선풍기: 전기 에너지 → 운동 에너지
> ② 모닥불: 화학 에너지 → 빛에너지, 열에너지
> ③ 태양 전지: 빛에너지 → 전기 에너지

13 겨울눈의 여러 겹의 비늘 껍질과 따뜻한 털로 추운 겨울에 열에너지가 빠져나가는 것을 줄여 주어 어린싹이 얼지 않도록 합니다.

14 발광 다이오드[LED]등은 백열등이나 형광등에 비해 전기 에너지가 빛에너지로 많이 전환되므로 백열등이나 형광등보다 에너지 효율이 높습니다.

△ 전등에서 전기 에너지(100%)의 전환 비율

15 식물은 햇빛을 받아 광합성을 하여 스스로 양분을 만들어 에너지를 얻고, 사자는 다른 생물을 먹어서 얻은 양분으로 에너지를 얻습니다.

채점 기준	
❶ '빛', ❷ '생물' 두 가지를 모두 정확히 씀.	상
❶과 ❷ 중 한 가지만 정확히 씀.	중

16 불이 켜진 가로등은 빛에너지, 전기 에너지, 열에너지 등을 가지고 있으며, 빛에너지는 주위를 밝게 비출 수 있는 에너지입니다.

채점 기준		
(1)	'빛에너지'를 정확히 씀.	
(2)	**정답 키워드** 전기 에너지 | 빛에너지 등 '전기 에너지가 빛에너지로 전환된다.'와 같이 내용을 정확히 씀.	상
	불이 켜진 가로등의 에너지 전환 과정에 대해 썼지만, 표현이 부족함.	중

17 전기 주전자는 전기 에너지를 열에너지로 전환하여 물을 끓입니다.

채점 기준	
정답 키워드 전기 에너지 | 열에너지 등 '전기 에너지가 열에너지로 전환된다.'와 같이 내용을 정확히 씀.	상
'열에너지로 전환된다.'와 같이 어떤 에너지가 열에너지로 전환되는지는 쓰지 못함.	중

18 ㈎에서는 태양의 빛에너지가 전기 에너지로 전환되고, ㈏에서는 태양의 열에너지가 위치 에너지로 전환됩니다.

19 우리 생활에서 이용하는 대부분의 에너지는 태양의 빛에너지와 열에너지로부터 에너지 형태가 전환된 것입니다.

20 전기 에너지는 여러 가지 가전제품을 작동할 수 있게 해 주고, 높은 곳에 있는 물의 위치 에너지는 수력 발전으로 전기 에너지를 만듭니다.

대단원 평가   106~108쪽

1 에너지   **2** ②, ⑤   **3** 전기   **4** ①   **5** ④

6 (1) 열에너지 (2) 예 물을 끓인다. 등   **7** ④

8 ⓒ   **9** ⑤   **10** 전기 에너지   **11** ①

12 (1) ⓒ (2) 예 전기 에너지가 운동 에너지와 위치 에너지로 전환된다.   **13** ㉠ 위치 ㉡ 운동   **14** ③   **15** 전기

16 ②   **17** ㉠ 전기 ㉡ 열   **18** 예 겨울에 먹이를 구하기 어려우므로 에너지를 효율적으로 이용하기 위해서 겨울잠을 잔다.   **19** 열에너지

20 발광 다이오드[LED]등

우리가 일상생활을 할 때는 에너지가 필요하고 이러한 에너지는 여러 가지 에너지 자원에서 얻을 수 있습니다.

토끼풀, 사과나무와 같은 식물은 빛을 이용하여 스스로 양분을 만들어 에너지를 얻습니다.

가전제품은 전기 에너지로 작동하고, 자동차는 연료를 넣거나 전기를 충전합니다.

햇빛, 불이 켜진 전등은 주위를 밝게 해 주므로, 공통으로 관련된 에너지 형태는 빛에너지입니다.

위치 에너지는 높은 곳에 있는 물체가 가진 에너지입니다.

물체의 온도를 높일 수 있는 열에너지는 쇠를 녹일 때, 물을 끓일 때, 음식을 익힐 때 등에 이용됩니다.

채점 기준		
(1)	'열에너지'를 정확히 씀.	4점
(2)	**정답 키워드** 끓이다 등 '물을 끓인다.' 등과 같이 내용을 정확히 씀.	8점
	열에너지가 실생활에 이용되는 예를 썼지만, 표현이 부족함.	4점

높이 올라간 그네는 위치 에너지를 가지고 있습니다. 건전지, 화분의 식물, 타오르는 모닥불, 휴대 전화의 배터리는 화학 에너지를 가지고 있습니다.

미끄럼틀 위의 아이는 위치 에너지를 가지고 있습니다.

높이 올라간 시소와 높은 곳에 있는 추는 위치 에너지를 가지고 있습니다.

전기 제품을 작동하게 하는 에너지 형태는 전기 에너지입니다.

한 에너지는 다른 에너지로 형태가 바뀔 수 있습니다. 이처럼 에너지 형태가 바뀌는 것을 에너지 전환이라고 합니다.

12 ㉠ 구간은 전기 에너지가 운동 에너지와 위치 에너지로 전환되고, ㉡ 구간은 위치 에너지가 운동 에너지로, ⓒ 구간은 운동 에너지가 위치 에너지로 전환됩니다.

채점 기준		
(1)	'ⓒ'을 정확히 씀.	4점
(2)	**정답 키워드** 전기 에너지 | 운동 에너지 | 위치 에너지 등 '전기 에너지가 운동 에너지와 위치 에너지로 전환된다.'와 같이 내용을 정확히 씀.	8점
	'전기 에너지가 운동 에너지로 전환된다.', '전기 에너지가 위치 에너지로 전환된다.' 등과 같이 전기 에너지가 전환되는 두 가지 에너지 중 한 가지만 정확히 씀.	4점

13 폭포에서 떨어지는 물은 위치 에너지가 운동 에너지로 전환된 것입니다.

14 나무에 저장된 화학 에너지가 음식을 익히는 모닥불의 열에너지로 전환됩니다.

15 댐은 높은 곳에 있는 물의 위치 에너지를 이용해 발전기를 돌려 전기 에너지를 얻습니다.

> **더 알아보기**
> **수력 발전**
> 비가 되어 내린 물이 댐에 저장되면 필요에 따라 물을 아래로 떨어뜨리는데, 이때 위치 에너지가 운동 에너지로 전환되고, 이 운동 에너지가 전기 에너지로 전환됩니다.

16 식물은 태양의 빛에너지를 이용해 화학 에너지를 얻고, 태양 전지는 태양의 빛에너지를 전기 에너지로 전환시킵니다.

17 전기다리미는 전기 에너지를 열에너지로 전환합니다.

18 곰이나 다람쥐, 박쥐 등은 겨울에 먹이를 구하기 어려우므로 겨울잠을 자면서 자신의 화학 에너지를 더 효율적으로 이용합니다.

채점 기준		
정답 키워드 먹이 | 에너지 | 효율적 등 '겨울에 먹이를 구하기 어려우므로 에너지를 효율적으로 이용하기 위해서 겨울잠을 잔다.'와 같이 내용을 정확히 씀.	8점
동물이 겨울잠을 자는 까닭을 썼지만, 표현이 부족함.	4점

19 전등에서 전기 에너지는 빛에너지와 열에너지로 전환됩니다.

20 전기 에너지가 빛에너지로 전환되는 비율이 높은 발광 다이오드[LED]등이 백열등보다 에너지 효율이 높습니다.

1. 전기의 이용

개념 확인하기   **4쪽**

1 ㉠   2 ㉢   3 ㉠   4 ㉠   5 ㉠

개념 확인하기   **5쪽**

1 ㉠   2 ㉡   3 ㉡   4 ㉠   5 ㉠

실력 평가   **6~7쪽**

1 (가)   2 ㉠   3 ㉢   4 전지   5 수진
6 ④   7 ㉠   8 ⑤
9 ㉠ 전구의 직렬연결 ㉡ 전구의 병렬연결   10 ②

1 전지, 전구, 전선이 끊기지 않게 연결되고, 전구가 전지의 (+)극과 전지의 (–)극에 각각 연결되어 있어야 전구에 불이 켜집니다.

> **왜 틀렸을까?**
> (가) 전구를 전지의 (–)극과 연결하면 전구에 불이 켜집니다.

> **더 알아보기**
> **여러 가지 전기 부품의 쓰임새**
>
> | 전기 부품 | 쓰임새 |
> |---|---|
> | 전지 | 전기 회로에 전기를 흐르게 함. |
> | 전지 끼우개 | 전선을 쉽게 연결할 수 있도록 전지를 넣어 사용함. |
> | 스위치 | 전기가 흐르는 길을 끊거나 연결함. |
> | 전구 | 빛을 내는 전기 부품임. |
> | 전구 끼우개 | 전선에 쉽게 연결할 수 있도록 전구를 끼워서 사용함. |
> | 집게 달린 전선 | 전기 부품을 쉽게 연결할 수 있음. |

2 (가)는 전구가 전지의 (+)극에만 연결되어 있어 전구에 불이 켜지지 않습니다.

3 스위치는 전기가 흐르는 길을 끊거나 연결하는 것으로, 전기 회로의 스위치를 닫으면 전기 회로에 전기가 흘러서 전구에 불이 켜집니다.

4 전기 회로에서 전구에 불이 커지게 하려면 전지, 전선, 전구가 끊기지 않게 연결해야 하고, 전구를 전지의 (+)극과 (–)극 모두에 연결해야 합니다.

5 전구의 밝기는 전기 회로에 전지 한 개를 연결할 때보다 전지 두 개를 서로 다른 극끼리 한 줄로 연결할 때가 더 밝습니다.

△ 전지 한 개를 연결한 전기 회로   △ 전지 두 개를 연결한 전기 회로

전구의 밝기

6 ㉠은 전구를 병렬연결하였고, ㉡은 직렬연결하였습니다. 따라서 ㉠과 ㉡은 전구의 연결 방법이 다릅니다.

7 주어진 전기 회로는 전구가 병렬연결되어 있으므로 ㉠과 전구의 밝기가 같습니다.

8 전구를 병렬연결할 때가 직렬연결할 때보다 전기 에너지 소비가 더 많으므로 전지를 더 오래 사용할 수 없습니다.

9 ㉠ 전기 회로는 전구를 직렬연결하였고, ㉡ 전기 회로는 전구를 병렬연결하였습니다.

> **더 알아보기**
> **전구의 직렬연결과 전구의 병렬연결**
> • 전구의 직렬연결: 전기 회로에서 전구 두 개 이상을 한 줄로 연결하는 방법
> • 전구의 병렬연결: 전기 회로에서 전구 두 개 이상을 여러 개의 줄에 나누어 한 개씩 연결하는 방법

10 전구를 직렬연결하였을 때에는 전구 한 개의 불이 꺼지면 나머지 전구의 불이 꺼지고, 전구를 병렬연결하였을 때에는 전구 한 개의 불이 꺼져도 나머지 전구의 불이 꺼지지 않습니다.

개념 확인하기   **8쪽**

1 ㉠   2 ㉠   3 ㉡   4 ㉠   5 ㉠

개념 확인하기   **9쪽**

1 ㉠   2 ㉠   3 ㉠   4 ㉠   5 ㉠

1 ㉠   **2** ④   **3** ㉡   **4** ㉠   **5** ④
6 ④   **7** ①   **8** ㉠   **9** (1) ㉢, ㉣ (2) ㉠, ㉡
10 ㉠ 예 감전 ㉡ 예 낭비

1 전기 회로의 스위치를 닫으면 전류가 흐르는 전선 주위에 자석의 성질이 나타나기 때문에 전기가 흐르는 전선 주위에서 나침반 바늘이 움직입니다.

2 전기가 흐르는 전선 주위에서 나침반 바늘이 움직인 까닭은 전기가 흐르는 전선 주위에 자석의 성질이 생겼기 때문입니다.

3 전자석의 스위치를 닫으면 전자석에 자석의 성질이 나타나므로 침핀이 붙습니다.

4 전지 두 개를 서로 다른 극끼리 한 줄로 연결하면 전지 한 개를 연결할 때보다 짧은 빵 끈이 더 많이 붙습니다.

> **더 알아보기**
>
> **전지의 개수에 따른 자석의 세기**
> 전지 한 개를 연결했을 때보다 전지 두 개를 서로 다른 극끼리 한 줄로 연결했을 때 전자석의 세기가 더 셉니다.

5 전자석은 서로 다른 극끼리 연결한 전지의 수에 따라 전자석의 세기가 달라집니다.

> **왜 틀렸을까?**
>
> ① 전자석은 자석의 극을 바꿀 수 있습니다.
> ② 전자석의 자석의 세기를 바꿀 수 있습니다.
> ③, ⑤ 내용은 맞지만, 이 실험은 전자석의 세기를 조절하는 실험이므로, ④번 답이 적당합니다.

6 스위치를 닫으면 전자석에 자석의 성질이 나타나서 극이 생기므로 나침반 바늘이 전자석 쪽으로 움직입니다.

7 전자석 기중기를 사용하면 무거운 철제품을 다른 장소로 쉽게 옮길 수 있습니다.

> **더 알아보기**
>
> **전자석을 이용하는 예**
> 전자석을 이용하는 것에는 자기 부상 열차, 선풍기, 스피커, 머리 말리개, 자기 공명 장치 등이 있습니다.

8 콘센트 한 개에 플러그 여러 개를 한꺼번에 꽂아서 사용하면 위험합니다.

9 ㉠과 ㉡은 전기를 절약하는 방법이고, ㉢과 ㉣은 전기를 안전하게 사용하는 방법입니다.

10 전기를 안전하게 사용하지 않으면 감전 사고가 발생할 수 있고, 전기를 절약하지 않으면 자원이 낭비됩니다.

1 (1) ㉢ (2) (+)
  (3) 예 전구는 전지의 (+)극과 전지의 (−)극에 각각 연결해야 한다.
2 (1) ㉡
  (2) 예 ㉠ 전기 회로의 나머지 전구에는 불이 켜지지 않고, ㉡ 전기 회로의 나머지 전구에는 불이 켜진다.
3 (1) ㉠ N극 ㉡ S극
  (2) 예 전자석은 전지의 연결 방향을 바꾸면 전자석의 극도 바뀐다.

1 전구에 불이 켜지려면 전지, 전선, 전구가 끊어지지 않게 연결되고, 전구가 전지의 (+)극과 전지의 (−)극에 각각 연결되어야 합니다.

채점 기준		
(1)	'㉢'을 씀.	2점
(2)	'(+)'를 씀.	2점
(3)	**정답 키워드** (+)극 | (−)극 '전구는 전지의 (+)극과 전지의 (−)극에 각각 연결해야 한다.' 등의 내용을 정확히 씀.	6점
	(+)극과 (−)극 중 하나를 쓰지 못함.	3점

2 전구의 직렬연결에서는 전구 하나의 불이 꺼지면 나머지 전구 불도 꺼지지만, 전구의 병렬연결에서는 전구 하나의 불이 꺼져도 나머지 전구의 불이 꺼지지 않습니다.

채점 기준		
(1)	'㉡'을 씀.	4점
(2)	**정답 키워드** 나머지 전구 불 | 켜지다 | 켜지지 않다 '㉠ 전기 회로의 나머지 전구에는 불이 켜지지 않고, ㉡ 전기 회로의 나머지 전구에는 불이 켜진다.' 등의 내용을 정확히 씀.	8점
	'㉠ 전기 회로의 나머지 전구에는 불이 켜지지 않는다.' 와 '㉡ 전기 회로의 나머지 전구에는 불이 켜진다.' 중 하나만 정확히 씀.	4점

3 전자석은 전지의 연결 방향에 따라 극이 달라지는 성질이 있습니다.

채점 기준		
(1)	㉠에 'N극', ㉡에 'S극'을 모두 씀.	4점
	㉠, ㉡ 중 한 가지만 씀.	2점
(2)	**정답 키워드** 방향 | 극 | 바뀌다 등 '전자석은 전지의 연결 방향을 바꾸면 전자석의 극도 바뀐다.' 등의 내용을 정확히 씀.	8점
	전자석에서 전지의 극을 반대로 하였을 때의 결과를 이용해 알게 된 점을 썼지만, 표현이 부족함.	4점

온라인 학습북 4~12쪽

온라인 학습 단원평가의 정답과 함께 문항 분석도 확인하세요.

단원평가

13~15쪽

문항 번호	정답	평가 내용	난이도
1	③	스위치의 쓰임새 알기	쉬움
2	③	전구에 불이 켜지는 전기 회로 알기	보통
3	②	전구에 불이 켜지는 조건 알기	쉬움
4	③	전기 회로의 뜻 알기	쉬움
5	⑤	전구의 밝기를 더 밝게 하는 방법 알기	보통
6	④	전구의 밝기 비교하기	어려움
7	②	전구의 병렬연결의 특징 알기	보통
8	④	전구의 직렬연결의 특징 알기	어려움
9	④	전구의 직렬연결과 병렬연결의 특징 알기	어려움
10	⑤	전자석의 특징 알기	보통
11	⑤	전자석의 특징 알기	보통
12	④	전자석의 세기 조절하기	보통
13	⑤	전자석의 극을 바꾸었을 때 나타나는 현상 알기	어려움
14	③	전자석의 극을 바꾸는 방법 알기	보통
15	⑤	전자석의 성질 알기	보통
16	③	전자석을 이용한 예 알기	보통
17	⑤	전기를 안전하게 사용하는 방법 알기	보통
18	①	전기를 안전하게 사용하기	쉬움
19	③	전기를 절약하는 방법 알기	쉬움
20	⑤	전기를 절약해야 하는 까닭 알기	쉬움

1 스위치는 전기가 흐르는 길을 끊거나 연결합니다.

2 ㉃은 전구가 전지의 (+)극에만 연결되어 있고, ㉄은 (−)극에만 연결되어 있어서 전구에 불이 켜지지 않습니다.

3 전구가 전지의 (−)극에만 연결되어 있으므로 전구의 한쪽을 전지의 (+)극과 연결해 줍니다.

4 전지, 전선, 전구 등 전기 부품을 서로 연결해 전기가 흐르도록 한 것을 전기 회로라고 합니다.

5 전지 한 개를 연결할 때보다 전지 두 개를 서로 다른 극끼리 한 줄로 연결할 때가 전구의 밝기가 더 밝습니다.

6 ㈎와 ㈐는 전구의 밝기가 어둡고, ㈏와 ㈑는 전구의 밝기가 밝습니다.

7 전구의 병렬연결에서는 한 전구 불이 꺼져도 나머지 전구 불은 꺼지지 않습니다.

8 전구를 직렬연결한 것으로, 병렬연결할 때보다 전지를 더 오래 사용할 수 있습니다.

9 ㉠은 전구의 직렬연결에 대한 설명입니다.

10 전지의 연결 방향을 바꾸면 나침반 바늘이 반대 방향으로 움직입니다.

11 전자석은 스위치를 닫아 전기가 흐를 때만 자석의 성질이 나타나서 클립이 붙습니다.

12 전지 한 개를 서로 다른 극끼리 한 줄로 더 연결하면 전자석의 세기가 세져서 짧은 빵 끈이 더 많이 붙습니다.

13 전지의 극을 반대로 하고 스위치를 닫으면 전자석의 극이 바뀌므로 나침반 바늘의 방향도 반대가 됩니다.

14 전지의 연결 방향을 바꾸면 전자석의 극도 바뀝니다.

15 자석의 세기가 일정한 것은 영구 자석입니다.

16 나침반은 항상 자석의 성질이 나타나는 영구 자석을 이용한 것입니다.

17 하나의 콘센트에 여러 전기 제품의 플러그를 꽂아 사용하면 안 됩니다.

18 ②, ④, ⑤는 전기를 낭비하는 모습이고, ③은 전기를 안전하게 사용하는 모습입니다.

19 사용하지 않는 전기 제품을 끄면 전기가 낭비되는 것을 줄일 수 있습니다.

20 전기를 안전하게 사용하지 않으면 감전 사고나 전기 화재 등이 발생할 수 있고, 전기를 절약하지 않으면 자원이 낭비되고 환경 문제가 발생할 수 있습니다.

2. 계절의 변화

태양이 떠 있는 높이는 태양이 지표면과 이루는 각인 태양 고도로 나타냅니다.

△ 태양 고도

태양 고도는 오전에 점점 높아지다가 태양이 정남쪽에 위치했을 때 가장 높습니다.

태양이 지표면과 이루는 각이 클수록 태양 고도가 높습니다.

태양이 아침에 동쪽 지평선에서 떠오를 때 태양 고도는 0 °입니다.

(왜) **틀렸을까?**
> ㉠ 태양이 서쪽 지평선으로 질 때 태양 고도는 0 °입니다.
> ㉢ 태양 고도는 오전에 높아지다가 12시 30분경에 가장 높고, 오후에는 낮아집니다.
> ㉣ 하루 중 태양 고도가 가장 높을 때, 태양은 정남쪽에 위치합니다.

태양 고도는 12시 30분경에 가장 높고 기온은 14시 30분경에 가장 높습니다. 태양 고도가 높아지면 그림자 길이는 짧아지고 기온은 대체로 높아집니다.

---

6 10시 30분에서 2시간 후인 12시 30분에는 태양이 남중 하므로 태양 고도는 높아집니다. 태양 고도가 높아지면 그림자 길이는 짧아집니다.

(더) **알아보기**
> **하루 동안 태양 고도, 그림자 길이, 기온 변화**
> • 태양 고도: 오전에는 점점 높아지다가 12시 30분경에 가장 높고, 오후에는 낮아집니다.
> • 그림자 길이: 오전에는 점점 짧아지다가 12시 30분경에 가장 짧고, 오후에는 길어집니다.
> • 기온: 오전에 점점 높아지다가 14시 30분경에 가장 높고, 이후 서서히 낮아집니다.

7 태양의 남중 고도는 6~7월에 가장 높고, 12~1월에 가장 낮습니다.

8 태양의 남중 고도가 높은 여름에는 낮의 길이가 길고, 태양의 남중 고도가 낮은 겨울에는 낮의 길이가 짧습니다.

9 여름에는 태양이 약간 북쪽으로 치우쳐서 뜨고, 질 때도 약간 북쪽으로 치우쳐서 집니다.

10 ㉠은 겨울, ㉡은 봄·가을, ㉢은 여름철 태양의 위치 변화를 나타낸 것입니다.

(왜) **틀렸을까?**
> ① 겨울은 ㉡인 계절(봄·가을)보다 기온이 낮습니다.
> ② 겨울은 ㉡인 계절(봄·가을)보다 낮의 길이가 짧습니다.
> ④ 겨울은 ㉡인 계절(봄·가을)보다 태양의 남중 고도가 낮습니다.
> ⑤ 겨울은 ㉢인 계절(여름)보다 태양의 남중 고도가 낮습니다.

1 전등과 태양 전지판이 이루는 각이 작을 때 전등 빛이 닿는 면적이 더 넓습니다.

2 전등과 태양 전지판이 이루는 각이 큰 ㉠에서 일정한 면적의 태양 전지판에 도달하는 에너지양이 더 많기 때문에 프로펠러 바람의 세기가 더 셉니다.

3 태양의 남중 고도가 높아지면 일정한 면적의 지표면에 도달하는 태양 에너지양이 더 많아집니다.

> ### 더 알아보기
>
> **전등의 기울기에 따른 바람의 세기 비교하기 모형실험과 실제 비교하기**
>
>
>
> | 모형 실험 | 실제 |
> |---|---|
> | 전등 | 태양 |
> | 태양 전지판 | 지표면 |
> | 전등과 태양 전지판이 이루는 각 | 태양 고도 |

4 여름에는 태양의 남중 고도가 높아 일정한 면적의 지표면에 도달하는 태양 에너지양이 많습니다.

5 태양의 남중 고도가 높아질수록 일정한 면적의 지표면에 도달하는 태양 에너지양이 많아져 지표면이 많이 데워지므로 기온이 높아집니다.

6 계절에 따라 태양의 남중 고도가 달라지기 때문에 기온이 달라집니다.

7 이 실험은 계절 변화가 생기는 까닭을 알아보기 위한 것입니다.

8 지구본의 자전축을 기울인 채 지구본을 공전시키면 전등 빛의 남중 고도가 달라집니다.

9 지구의 자전축이 기울어진 채 공전하여 태양의 남중 고도가 달라지므로 계절 변화가 생깁니다.

10 지구가 ㉠ 위치에 있을 때 북반구는 태양의 남중 고도가 높으므로 여름이지만, 남반구는 태양의 남중 고도가 낮으므로 겨울입니다.

> ### 서술형·논술형 평가   **24**쪽
>
> **1** (1) 정남, 낮 12시 30분
> (2) ㉠ 여름 ㉡ 겨울
> (3) 예 태양의 남중 고도는 여름에 가장 높고, 겨울에 가장 낮으며, 봄과 가을은 여름과 겨울의 중간 정도이다.
> **2** (1) 예 전등과 모래가 이루는 각
> (2) 예 태양의 남중 고도가 높아지면 일정한 면적의 지표면에 도달하는 태양 에너지양이 많아지기 때문이다.
> **3** 여름, 예 지구가 ㉠ 위치에 있을 때 북반구에서 태양의 남중 고도가 높기 때문이다.

1 태양의 남중 고도는 6~7월(여름)에 가장 높고 12~1월 (겨울)에 가장 낮습니다.

채점 기준		
(1)	'정남', '낮 12시 30분'을 모두 정확히 씀.	2점
	'정남'과 '낮 12시 30분' 중 한 가지만 정확히 씀.	1점
(2)	㉠에 '여름', ㉡에 '겨울'을 모두 정확히 씀.	4점
	㉠과 ㉡ 중 하나만 정확히 씀.	2점
(3)	**정답 키워드** 여름 | 겨울 | 높다 | 낮다 | 봄, 가을 '태양의 남중 고도는 여름에 가장 높고, 겨울에 가장 낮으며, 봄과 가을은 여름과 겨울의 중간 정도이다.' 등의 내용을 정확히 씀.	6점
	계절에 따른 태양의 남중 고도의 변화를 썼지만, 일부 계절은 정확히 쓰지 못함.	3점

2 태양의 남중 고도가 높아져 일정한 면적의 지표면에 도달하는 태양 에너지양이 많아지면 지표면이 더 많이 데워져 기온이 높아집니다.

채점 기준		
(1)	'전등과 모래가 이루는 각'을 정확히 씀.	4점
(2)	**정답 키워드** 일정한 면적 | 태양 에너지양 | 많다 '태양의 남중 고도가 높아지면 일정한 면적의 지표면에 도달하는 태양 에너지양이 많아지기 때문이다.' 등의 내용을 정확히 씀.	8점
	태양의 남중 고도가 높을 때 기온이 높은 까닭을 썼지만, 표현이 부족함.	4점

3 북반구에서 여름에는 태양의 남중 고도가 높고, 겨울에는 태양의 남중 고도가 낮습니다.

채점 기준	
정답 키워드 태양의 남중 고도 | 높다 '여름'을 쓰고, '지구가 ㉠ 위치에 있을 때 북반구에서 태양의 남중 고도가 높기 때문이다.' 등의 내용을 정확히 씀.	8점
'여름'을 썼지만, 지구가 ㉠ 위치에 있을 때 북반구가 여름인 까닭을 정확히 쓰지 못함.	4점

온라인 학습 단원평가의 **정답**과 함께 **문항 분석**도 확인하세요.

단원평가   25~27쪽

문항 번호	정답	평가 내용	난이도
1	③	태양 고도의 특징 알기	쉬움
2	②	태양 고도를 측정하는 방법 알기	보통
3	②	태양 고도 측정하기	쉬움
4	③	하루 동안 그림자 길이의 변화 알기	보통
5	②	하루 동안 태양 고도와 기온의 변화 알기	어려움
6	②	태양 고도와 그림자 길이 변화 알기	보통
7	③	월별 낮의 길이 변화 그래프 분석하기	어려움
8	②	태양의 남중 고도와 낮의 길이의 변화 관계 알기	쉬움
9	②	계절별 태양의 위치 변화 알기	보통
10	③	겨울에서 여름으로 변할 때의 특징 알기	어려움
11	⑤	태양의 남중 고도에 따른 태양 에너지양 비교하기 실험의 조건 알기	보통
12	⑤	태양의 남중 고도에 따른 태양 에너지양 비교하기 실험의 특징 알기	보통
13	③	여름과 겨울의 태양 에너지양 비교하기	쉬움
14	⑤	태양의 남중 고도가 높을 때 기온이 높은 까닭 알기	어려움
15	③	계절에 따라 기온이 달라지는 까닭 알기	보통
16	⑤	지구본의 기울기를 다르게 하여 전등 주위를 공전시키는 실험의 조건 알기	보통
17	③	지구본의 기울기를 다르게 하여 전등 주위를 공전시키는 실험의 결과 알기	쉬움
18	②	자전축이 수직인 채 공전할 때의 결과 알기	쉬움
19	④	계절 변화가 생기는 까닭 알기	보통
20	⑤	태양의 남중 고도 변화와 계절의 관계 알기	보통

1 하루 동안 태양 고도는 계속 달라집니다.

2 바닥이 편평하고 태양 빛이 잘 드는 곳에서 태양 고도를 측정합니다.

3 태양 고도는 태양이 지표면과 이루는 각이므로 30 °입니다.

4 태양이 남중했을 때(12시 30분경) 그림자 길이가 가장 짧습니다.

5 ㉠은 태양 고도를, ㉡은 기온을 나타낸 것입니다.

6 오전에는 12시 30분경까지는 시간이 지날수록 태양 고도는 높아지고 그림자 길이는 짧아집니다.

7 6~7월에 낮의 길이가 가장 길고, 12~1월에 낮의 길이가 가장 짧습니다.

8 태양의 남중 고도가 높아지면 낮의 길이는 길어지고 밤의 길이는 짧아집니다.

9 ㉠은 겨울철 태양의 위치 변화를 나타내고, ㉢은 여름철 태양의 위치 변화를 나타냅니다.

10 겨울에서 봄을 지나 여름이 되면 기온은 높아지고 낮의 길이가 길어지며 밤의 길이는 짧아집니다.

11 전등과 태양 전지판이 이루는 각만 다르게 하고 나머지 조건은 모두 같게 하여 실험합니다.

12 태양의 남중 고도가 높은 ㉠에서 태양 전지판은 더 많은 태양 에너지를 받습니다.

13 ㉠은 겨울, ㉡은 여름에 해당합니다.

14 계절에 따라 태양의 남중 고도가 달라져 지표면이 받는 태양 에너지양이 달라지기 때문에 기온이 달라집니다.

15 계절에 따라 태양의 남중 고도가 달라지기 때문에 기온이 달라집니다.

16 지구본의 자전축 기울기만 다르게 하여 실험합니다.

17 지구본의 자전축을 기울이지 않은 채 공전시키면 태양의 남중 고도가 달라지지 않습니다.

18 지구의 자전축이 수직인 채 공전하면 태양의 남중 고도가 달라지지 않으므로 일 년 내내 낮과 밤의 길이가 같아지고, 계절 변화도 생기지 않습니다.

19 지구 자전축이 기울어진 채 태양 주위를 공전하기 때문에 계절 변화가 생깁니다.

20 지구가 ㉠ 위치에 있을 때 북반구는 겨울로, 태양의 남중 고도가 낮고 낮의 길이가 짧으며 기온이 낮습니다.

3. 연소와 소화

1 초가 탈 때는 초가 녹아 촛농이 흘러내리고, 흘러내린 촛농이 굳어 고체가 됩니다. 불꽃의 색깔은 노란색, 붉은색 등 다양합니다.

2 초와 알코올 모두 탈 때 불꽃의 위치에 따라 밝기가 다릅니다.

3 형광등은 물질이 탈 때 나타나는 현상을 이용한 예가 아닙니다.

> **더 알아보기**
>
> 물질이 탈 때 발생하는 빛이나 열을 이용하는 예
> • 주로 빛을 이용한 예
>
>
>
> ⬆ 케이크 위의 촛불   ⬆ 강물 위에 뜬 유등
>
> • 주로 열을 이용한 예
>
> ⬆ 가스레인지의 불꽃   ⬆ 벽난로의 장작불

4 실험에서 다르게 한 조건은 아크릴 통의 크기이며, 큰 아크릴 통(㉢)보다 작은 아크릴 통(㉠) 안에 공기(산소)가 더 적게 들어 있기 때문에 작은 아크릴 통 안의 촛불이 먼저 꺼집니다.

5 초가 타면서 산소를 사용하기 때문에 초가 타고 난 후의 산소 비율이 초가 타기 전보다 줄어듭니다.

6 성냥 머리 부분이 불이 붙는 온도(발화점)가 낮기 때문에 성냥 머리 부분에 먼저 불이 붙습니다.

성냥 머리 부분   향

⬆ 성냥 머리 부분에 먼저 불이 붙는 모습

7 성냥 머리 부분이 향보다 불이 붙는 온도(발화점)가 낮습니다.

8 어떤 물질이 불에 직접 닿지 않아도 스스로 타기 시작하는 온도를 발화점이라고 합니다. 발화점은 물질의 종류에 따라 다릅니다.

9 부싯돌에 철을 마찰하여 태우는 것과 볼록 렌즈로 햇빛을 모아 태우는 것은 불을 직접 붙이지 않고 물질을 태우는 방법입니다.

> **왜 틀렸을까?**
>
> ㉠ 점화기로 불을 붙이는 것과 ㉢ 성냥불로 불을 붙이는 것은 직접 불을 붙이는 경우입니다.

10 탈 물질, 산소, 발화점 이상의 온도가 모두 있어야 연소가 일어납니다. 또한, 물질에 불을 직접 붙이지 않아도 발화점 이상의 온도가 되면 연소가 일어나며, 발화점은 물질마다 다릅니다.

1 ㉣	2 ㉠ ⑩ 붉은 ㉡ 물		3 준재	4 ⑤
5 ②	6 ③	7 ㉢	8 ⑤	9 ④
10 ㉡, ㉠, ㉣, ㉢				

1 푸른색 염화 코발트 종이는 공기 중의 수분을 만나면 붉은색으로 변합니다.

2 초가 연소한 후 푸른색 염화 코발트 종이의 색깔이 붉은색으로 변한 것을 통해 초가 연소한 후 물이 생성되는 것을 알 수 있습니다.

△ 색깔이 변하지 않음.　△ 붉은색으로 변함.

초가 연소한 아크릴 통에 석회수를 붓고 살짝 흔들면 석회수가 뿌옇게 흐려집니다.

석회수는 이산화 탄소를 만나면 뿌옇게 흐려지는 성질이 있으므로 초가 연소한 후 이산화 탄소가 생성된다는 것을 알 수 있습니다.

석회수
△ 석회수가 뿌옇게 흐려짐.

알코올이 연소한 후 물과 이산화 탄소가 생성됩니다.

촛불을 입으로 불어 끄는 것과 초의 심지를 핀셋으로 집어 불을 끄는 것은 탈 물질을 제거해 불을 끄는 방법입니다.

왜 틀렸을까?
ⓒ 촛불에 물을 뿌려 불을 끄는 것은 발화점 미만으로 온도를 낮추어 불을 끄는 방법입니다.
ⓔ 촛불을 컵으로 덮어 불을 끄는 것은 산소 공급을 막아 불을 끄는 방법입니다.

알코올램프의 뚜껑을 덮어 불을 끄는 것과 소화제를 뿌려 불을 끄는 것은 산소 공급을 막아 불을 끄는 방법입니다.

소화전을 이용해 물을 뿌리면 온도가 발화점 미만으로 낮아지기 때문에 불이 꺼집니다.

한 가지 이상의 연소 조건을 없애 불을 끄는 것을 소화라고 합니다.

10 불이 난 곳으로 소화기를 옮긴 후 안전핀을 뽑습니다. 그 다음 바람을 등지고 서서 호스의 끝부분을 잡고 불이 난 방향을 향해 손잡이를 힘껏 움켜쥐고 불을 끕니다.

1 (1) ⑩ 길쭉하다.
(2) ⑩ 점점 따뜻해진다.
(3) ⑩ 불을 붙이기 전보다 불을 끈 후에 무게가 더 줄어든다.
2 (1) ⑩ 붉게 변한다.
(2) ⑩ 초가 연소한 후 물이 생긴다.
3 ⑩ 탈 물질이 없어지기 때문이다.

1 초와 알코올이 탈 때는 모두 불꽃의 모양이 위아래로 길쭉하며, 불꽃에 손을 가까이하면 손이 따뜻해집니다. 또한 시간이 지날수록 초의 길이가 줄어들고, 알코올의 양이 줄어듭니다.

채점 기준

(1)	'길쭉하다.'를 정확히 씀.	2점
(2)	'점점 따뜻해진다.'를 정확히 씀.	4점
(3)	**정답 키워드** 불을 끈 후 ㅣ 줄어든다 '불을 붙이기 전보다 불을 끈 후 무게가 더 줄어든다.' 등의 내용을 정확히 씀.	6점
	초와 알코올에 불을 붙이기 전과 불을 끈 후 무게 변화를 비교하여 썼지만, 표현이 부족함.	3점

2 초가 연소한 후에는 물이 생기는데, 이것은 푸른색 염화 코발트 종이가 물에 닿으면 붉게 변하는 성질을 통해 확인할 수 있습니다.

채점 기준

(1)	'붉게 변한다.'를 정확히 씀.	4점
(2)	**정답 키워드** 연소 후 ㅣ 물 '초가 연소한 후 물이 생긴다.' 등의 내용을 정확히 씀.	8점
	초가 연소한 후 생기는 물질과 관련하여 염화 코발트 종이의 변화를 통해 알 수 있는 점을 썼지만, 표현이 부족함.	4점

3 가스레인지의 연료 조절 밸브를 잠그면 탈 물질인 가스의 공급이 차단되어 불이 꺼집니다.

채점 기준

정답 키워드 탈 물질 ㅣ 없어지다 '탈 물질이 없어지기 때문이다.' 등의 내용을 정확히 씀.	8점
연료 조절 밸브를 잠갔을 때 불이 꺼지는 까닭을 연소의 조건과 관련지어 썼지만, 정확하지 않은 부분이 있음.	4점

온라인 학습 단원평가의 **정답**과 함께 **문항 분석**도 확인하세요.

단원평가

37~39쪽

문항 번호	정답	평가 내용	난이도
1	④	초가 탈 때 나타나는 현상 알기	보통
2	③	알코올이 탈 때 나타나는 현상 알기	보통
3	③	물질이 탈 때 나타나는 공통적인 현상 알기	보통
4	④	물질이 타면서 발생하는 빛과 열을 이용하는 예 알기	보통
5	⑤	물질이 탈 때 필요한 것 알기	쉬움
6	②	연소의 뜻 알기	쉬움
7	②	물질이 탈 때 산소가 필요한 것 알기	보통
8	③	초가 탈 때 필요한 기체 알아보기 실험의 조건 알기	보통
9	①	초가 탈 때 필요한 기체 알아보기 실험의 결과 알기	쉬움
10	④	연소의 조건 중 발화점 이상의 온도 알기	어려움
11	②	불을 직접 붙이지 않고 물질 태워 보기	보통
12	⑤	발화점의 특징 알기	보통
13	④	연소의 조건 알기	쉬움
14	②	푸른색 염화 코발트 종이의 특징 알기	보통
15	④	푸른색 염화 코발트 종이의 색깔 변화 알기	보통
16	⑤	이산화 탄소의 성질 알기	쉬움
17	⑤	연소의 조건 중 한 가지를 없애 불을 끄는 방법 알기	어려움
18	①	탈 물질을 없애 불을 끄는 방법 알기	어려움
19	③	다양한 연소 물질에 따른 소화 방법 알기	어려움
20	③	화재가 발생했을 때 대처 방법 알기	쉬움

1 초가 탈 때 불꽃의 색깔은 노란색, 붉은색 등 다양합니다.

2 알코올이 탈 때 시간이 지날수록 알코올의 양이 줄어듭니다.

3 물질이 탈 때는 공통적으로 빛과 열이 발생하며 물질의 양이 변하기도 합니다.

4 스탠드를 켜서 책상을 밝히는 것은 물질을 태우는 것이 아니라 전기를 이용하는 것입니다.

5 크기가 큰 초일수록 오래 탑니다.

6 물질이 산소와 빠르게 반응하여 빛과 열을 내는 현상을 연소라고 하며, 연소의 조건 중 한 가지 이상의 조건을 없애 불을 끄는 것을 소화라고 합니다.

7 촛불을 아크릴 통으로 덮으면 산소가 공급되지 않기 때문에 시간이 지나면서 촛불이 작아지다가 꺼집니다.

8 실험에서 아크릴 통의 크기를 제외한 나머지 조건은 모두 같게 해야 합니다.

9 공기가 더 적게 들어 있는 작은 아크릴 통 안의 촛불이 먼저 꺼집니다.

10 온도가 발화점 이상이 되면 성냥 머리 부분에 불이 붙습니다.

11 성냥 머리 부분이 향보다 불이 붙는 온도(발화점)가 낮기 때문에 성냥 머리 부분에 먼저 불이 붙습니다.

12 발화점은 물질의 종류에 따라 다르며, 물질이 타려면 발화점 이상의 온도가 필요합니다.

13 물질이 연소할 때는 탈 물질, 산소, 발화점 이상의 온도가 필요합니다.

14 푸른색 염화 코발트 종이는 물을 만나면 붉은색으로 변하고, 석회수는 이산화 탄소와 만나면 뿌옇게 변합니다.

15 초가 연소한 후 물이 생성되기 때문에 푸른색 염화 코발트 종이가 붉은색으로 변합니다.

16 석회수는 이산화 탄소와 만나면 뿌옇게 흐려집니다.

17 촛불을 입으로 불면 탈 물질이 날아가서 불이 꺼집니다.

18 핀셋으로 향초의 심지를 집으면 탈 물질이 없어지기 때문에 불이 꺼집니다.

19 기름이나 전기, 가스에 의한 화재는 물을 사용하면 불이 더 크게 번지거나 감전될 수 있어 위험합니다.

20 화재 발생 시 아래층으로 대피할 수 없을 때는 옥상으로 대피합니다.

4. 우리 몸의 구조와 기능

온라인 학습북 37~47쪽

개념 확인하기   40쪽

1 ㉡   2 ㉠   3 ㉠   4 ㉠   5 ㉡

개념 확인하기   41쪽

1 ㉠   2 ㉡   3 ㉠   4 ㉡   5 ㉡

실력 평가   42~43쪽

1 ③, ⑤   2 ⑤   3 ㉡   4 (1) ㉠ (2) ㉢
5 ③   6 ④   7 ㉡   8 은수   9 ④
10 ③

우리 몸속 기관 중 움직임에 관여하는 뼈와 근육을 운동 기관이라고 합니다.

근육은 길이가 줄어들거나 늘어나면서 뼈를 움직이게 합니다.

음식물 찌꺼기의 수분을 흡수하는 기관은 큰창자이고, 항문은 소화되지 않은 음식물 찌꺼기를 배출하는 기관입니다.

㉠은 식도, ㉡은 위, ㉢은 큰창자, ㉣은 작은창자, ㉤은 항문입니다.

㉢은 기관지로, 나뭇가지처럼 생겼고 공기가 이동하는 통로입니다.

▲ 호흡 기관

6 숨을 내쉴 때 공기의 이동 순서는 폐 → 기관지 → 기관 → 코입니다.

7 심장이 빨리 뛰면 혈액의 이동량이 많아집니다.

8 혈관은 온몸에 복잡하게 퍼져 있고, 굵기가 굵은 것부터 매우 가는 것까지 여러 가지입니다.

9 ㉠은 콩팥으로, 등허리 쪽에 두 개가 있으며 혈액에 있는 노폐물을 걸러 냅니다.

> **더 알아보기**
>
> **콩팥**
> 콩팥은 강낭콩 모양의 기관으로, 등허리에 위치합니다. 콩팥의 기능이 심하게 약해지면 생명을 유지하기 어려우나, 두 개 중에서 한 개라도 제대로 기능을 하면 생명 유지가 가능합니다. 혈액은 혈관을 통해 콩팥으로 들어가 노폐물이 걸러진 다음, 다른 혈관을 통해 나옵니다.

10 실험의 거름망은 우리 몸의 콩팥에 해당합니다. 콩팥에서 혈액 속의 노폐물을 거릅니다.

개념 확인하기   44쪽

1 ㉠   2 ㉢   3 ㉡   4 ㉡   5 ㉠

개념 확인하기   45쪽

1 ㉣   2 ㉡   3 ㉡   4 ㉠   5 ㉡

실력 평가   46~47쪽

1 ⑩ 자극   2 ④   3 ㉠   4 ㉡, ㉣, ㉢, ㉤
5 (1) ㉠, ㉢ (2) ㉡   6 혜정   7 ①, ③   8 ④
9 ㉢   10 ⑤

1 주변으로부터 전달된 자극을 느끼고 받아들이는 기관을 감각 기관이라고 합니다.

2 강아지 털이 부드럽다고 느낀 것은 피부로 느낀 감각입니다.

> **더 알아보기**
>
> **감각 기관의 종류**
>
>
>
> 귀 눈 코 혀 피부
>
> • 눈: 사물을 봅니다.
> • 코: 냄새를 맡습니다.
> • 귀: 소리를 듣습니다.
> • 혀: 맛을 느낍니다.
> • 피부: 차가움, 뜨거움, 아픔, 촉감 등을 느낍니다.

3 행동을 결정하고, 명령을 내리는 뇌도 신경계의 일부입니다.

4 감각 기관 → 자극을 전달하는 신경 → 뇌(행동을 결정하는 신경) → 명령을 전달하는 신경 → 운동 기관의 순으로 자극이 전달되어 반응합니다.

5 무척 더운 것(피부)과 얼음이 담긴 음료수를 본 것(눈)은 감각 기관으로 받아들인 자극이고, 음료수를 마신 것은 자극에 대한 반응입니다.

6 야구 방망이로 날아오는 공을 치는 행동은 자극에 대한 반응입니다.

7 운동할 때 우리 몸에서 에너지를 많이 내면서 열이 많이 나기 때문에 체온이 올라가고, 산소와 영양소를 많이 이용하므로 심장이 빨리 뛰고 호흡도 빨라집니다.

8 운동할 때 평소보다 더 많은 영양소와 산소가 필요합니다.

9 운동하면 체온이 올라가고 맥박이 빨라지며, 운동하고 휴식을 취하면 운동하기 전과 비슷해집니다.

> **왜 틀렸을까?**
>
> ㉠, ㉡ 운동 직후에는 평상시보다 체온이 올라가고 맥박은 빨라집니다.

10 몸에 불필요한 이산화 탄소는 순환 기관을 통해 호흡 기관으로 전달된 다음 몸 밖으로 내보내집니다. 노폐물은 순환 기관을 통해 배설 기관으로 전달되어 몸 밖으로 내보내집니다.

> **왜 틀렸을까?**
>
> ①, ② 노폐물은 배설 기관을 통해 몸 밖으로 배출됩니다.
> ③, ④ 이산화 탄소는 순환 기관을 통해 호흡 기관으로 전달됩니다.

> **서술형·논술형 평가** 48쪽

1 (1) ㉠ 머리뼈 ㉡ 갈비뼈

(2) 예 우리 몸의 형태를 만들어 주고, 몸을 지지하며, 몸의 내부 기관을 보호한다.

2 (1) ㉠ 콩팥 ㉡ 방광

(2) 예 콩팥에서 걸러 낸 노폐물을 모아 두었다가 몸 밖으로 내보낸다.

3 예 운동을 할 때는 평소보다 더 많은 산소와 영양소를 이용하므로 심장이 빨리 뛰기 때문이다.

1 뼈는 내부 기관을 보호하고, 근육은 뼈에 연결되어 있어 몸을 움직일 수 있도록 합니다. 우리 몸의 뼈의 생김새는 다양합니다.

채점 기준		
(1)	㉠ '머리뼈', ㉡ '갈비뼈'를 모두 정확히 씀.	2점
	㉠과 ㉡ 중 한 가지만 정확히 씀.	1점
(2)	**정답 키워드** 형태 │ 지지 │ 내부 기관 │ 보호 등 '우리 몸의 형태를 만들어 주고, 몸을 지지하며, 몸의 내부 기관을 보호한다.'와 같이 내용을 정확히 씀.	4점
	뼈가 하는 일을 썼지만, 표현이 부족함.	2점

2 ㉠은 콩팥이고, ㉡은 방광입니다. 방광은 콩팥에서 걸러 낸 노폐물을 모아 두었다가 몸 밖으로 내보내는 일을 합니다.

채점 기준		
(1)	㉠ '콩팥', ㉡ '방광'을 모두 정확히 씀.	4점
	㉠과 ㉡ 중 한 가지만 정확히 씀.	2점
(2)	**정답 키워드** 노폐물 │ 몸 밖 등 '콩팥에서 걸러 낸 노폐물을 모아 두었다가 몸 밖으로 내보낸다.'와 같이 내용을 정확히 씀.	8점
	방광이 하는 일을 썼지만, 표현이 부족함.	4점

3 운동을 할 때는 평소보다 더 많은 산소와 영양소가 필요하므로 맥박과 호흡이 빨라집니다. 또한 운동을 하면 몸에서 에너지를 많이 내면서 열이 많이 나기 때문에 체온이 올라가고 땀이 나기도 합니다.

채점 기준	
정답 키워드 더 많은 산소와 영양소 │ 심장이 빨리 뛴다 등 '운동을 할 때는 평소보다 더 많은 산소와 영양소를 이용하므로 심장이 빨리 뛰기 때문이다.'와 같이 내용을 정확히 씀.	8점
운동할 때 맥박과 호흡이 빨라지는 까닭을 썼지만, 표현이 부족함.	4점

온라인 학습 단원평가의 **정답**과 함께 **문항 분석**도 확인하세요.

49~51쪽

단원평가

문항 번호	정답	평가 내용	난이도
1	②	뼈와 근육이 어떤 기관인지 알기	보통
2	③	척추뼈의 생김새 알기	보통
3	④	뼈가 하는 일 알기	쉬움
4	②	음식물이 소화되는 과정 알기	보통
5	②	소화 기관의 특징 알기	보통
6	②	소화를 도와주는 기관 알기	쉬움
7	②	호흡의 뜻 알기	쉬움
8	④	호흡 기관의 종류 알기	쉬움
9	①	들이마신 공기가 도달하는 기관 알기	보통
10	③	호흡할 때 폐의 크기과 가슴둘레의 변화 알기	어려움
11	③	순환 기관 관련 실험의 붉은 색소 물이 나타내는 것 알기	보통
12	②	순환 기관 관련 실험의 결과 알기	어려움
13	②	혈액이 이동하는 통로 알기	보통
14	⑤	배설 기관의 생김새 알기	쉬움
15	④	콩팥의 특징 알기	보통
16	③	오줌이 몸 밖으로 이동하는 통로 알기	보통
17	⑤	감각 기관이 하는 일 구분하기	쉬움
18	④	뇌의 명령을 운동 기관으로 전달하는 신경 알기	보통
19	⑤	운동할 때 체온이 올라가는 까닭 알기	어려움
20	⑤	몸을 움직일 때 각 기관이 하는 일 알기	어려움

1 움직임에 관여하는 뼈와 근육은 운동 기관입니다.

2 척추뼈는 짧은 뼈 여러 개가 세로로 이어져서 기둥을 이룹니다.

3 뼈는 우리 몸의 형태를 만들고 몸을 지탱하며 심장, 폐, 뇌 등 몸속 기관을 보호합니다. 오줌을 만드는 것은 배설 기관, 음식물을 소화시키는 것은 소화 기관, 숨을 쉬는 일을 하는 것은 호흡 기관, 혈액을 온몸으로 순환시키는 것은 순환 기관입니다.

4 음식물이 소화되는 과정은 입 → 식도(㉠) → 위(㉡) → 작은창자(㉣) → 큰창자(㉢) → 항문(㉤)입니다.

5 음식물 찌꺼기의 수분을 흡수하는 곳은 큰창자입니다. 항문은 음식물 찌꺼기를 배출하는 곳입니다.

6 간, 쓸개, 이자는 소화를 도와주는 기관입니다.

7 호흡은 숨을 들이마시고 내쉬는 활동입니다.

8 호흡에 관여하는 기관은 코, 기관, 기관지, 폐 등입니다.

9 숨을 들이마실 때 코로 들어온 공기는 기관, 기관지를 거쳐 폐에 도달합니다.

10 숨을 들이마실 때 폐의 크기와 가슴둘레는 커지고, 숨을 내쉴 때 폐의 크기와 가슴둘레는 작아집니다.

11 붉은 색소 물은 우리 몸의 혈액을 나타냅니다. 주입기의 펌프를 누르면 붉은 색소 물은 관을 따라 이동합니다.

12 주입기의 펌프를 빠르게 누르면 붉은 색소 물의 이동량이 많아지고, 이동 빠르기가 빨라집니다.

13 혈액은 혈관을 통해 온몸으로 이동합니다.

14 콩팥과 방광은 배설 기관입니다.

15 콩팥은 등허리에 좌우 한 쌍이 있고, 혈액 속의 노폐물을 걸러 오줌으로 만듭니다.

16 오줌이 몸 밖으로 이동하는 통로는 요도입니다.

17 피부는 몸 표면을 감싸며 뜨거움, 차가움, 아픔, 촉감 등을 느낍니다.

18 뇌의 명령은 명령을 전달하는 신경을 통해 운동 기관으로 전달됩니다.

19 운동을 하면 몸에서 에너지를 많이 내면서 열이 많이 나기 때문에 체온이 올라갑니다.

20 순환 기관은 영양소와 산소를 온몸에 전달하고, 이산화 탄소와 노폐물을 각각 호흡 기관과 배설 기관으로 전달합니다.

5. 에너지와 생활

개념 확인하기   52쪽

1 ②   **2** ③   **3** ⓒ   **4** ⓒ   **5** ③

개념 확인하기   53쪽

1 ③   **2** ⓒ   **3** ⓒ   **4** ③   **5** ⓒ

실력 평가   54~55쪽

1 ④   **2** (1) ⓒ (2) ⓒ (3) ③   **3** ②
4 화학 에너지   **5** ③, ⓒ   **6** (1) ⓒ (2) ⓒ (3) ③
7 ②   **8** ⓒ   **9** 발광 다이오드[LED]등 **10** ⑤

1 생물이 살아가거나 기계가 움직이려면 에너지가 필요하며, 에너지는 우리 눈에 보이지 않습니다.

2 식물은 햇빛을 받아 광합성을 하여 스스로 양분을 만들어 에너지를 얻고, 동물은 다른 생물을 먹고 그 양분으로 에너지를 얻습니다. 자동차와 같은 기계는 전기나 가스, 기름 등에서 에너지를 얻습니다.

3 주위를 밝게 비출 수 있는 에너지는 빛에너지입니다.

4 음식물, 석유, 석탄, 나무, 건전지 등이 가진 에너지는 화학 에너지입니다.

5 위치 에너지는 높은 곳에 있는 물체가 가지고 있는 에너지입니다.

6 1구간에서는 전기 에너지가 운동 에너지와 위치 에너지로 전환되고, 2구간에서는 위치 에너지가 운동 에너지로 전환되며, 3구간에서는 운동 에너지가 위치 에너지로 전환됩니다.

7 태양 전지는 태양의 빛에너지를 전기 에너지로 전환합니다.

8 우리는 태양에서 온 에너지를 여러 가지 형태로 전환해 생활에 이용하고 있습니다.

9 발광 다이오드[LED]등이 형광등보다 에너지 효율이 높습니다.

10 에너지 소비 효율 등급이 1등급에 가까운 제품일수록 에너지 효율이 높은 제품입니다.

서술형·논술형 평가   56쪽

1 (1) 운동
(2) ⑩ 빛에너지
(3) ⑩ 높은 곳에 있는 물체가 가진 에너지
2 (1) ⑩ 전기 에너지, 열에너지 등
(2) ⑩ 어두운 곳을 밝게 비춰 주는 역할을 한다
3 (1) 겨울눈
(2) ⑩ 겨울눈의 비늘은 추운 겨울에 어린싹이 열에너지를 빼앗겨 어는 것을 막아 준다.

1 움직이는 물체가 가진 에너지는 운동 에너지이고, 놀이터에 비치는 햇빛은 빛에너지의 형태입니다. 높은 곳에 있는 물체일수록 위치 에너지를 많이 가지고 있습니다.

채점 기준

(1)	'운동'을 정확히 씀.	2점
(2)	'빛에너지'를 정확히 씀.	2점
(3)	**정답 키워드** 높은 곳 | 에너지 등 '높은 곳에 있는 물체가 가진 에너지'와 같은 내용을 정확히 씀.	6점
	위치 에너지에 대한 설명을 썼지만, 표현이 부족함.	3점

2 가로등은 전기 에너지, 열에너지, 빛에너지 등을 가지고 있으며, 빛에너지는 주위를 밝게 비추는 에너지입니다.

채점 기준

(1)	'전기 에너지', '열에너지' 등과 같이 두 가지 에너지를 모두 정확히 씀.	4점
	'전기 에너지', '열에너지' 중 한 가지만 정확히 씀.	2점
(2)	**정답 키워드** 어두운 곳 | 비추다 등 '어두운 곳을 밝게 비춰 주는 역할을 한다'와 같이 내용을 정확히 씀.	8점
	가로등이 가지고 있는 빛에너지의 역할을 썼지만, 표현이 부족함.	4점

3 겨울눈은 여러 겹의 비늘 껍질과 따뜻한 털로 추운 겨울 열에너지가 빠져나오는 것을 줄여 주어 어린싹이 얼지 않도록 합니다.

채점 기준

(1)	'겨울눈'을 정확히 씀.	4점
(2)	**정답 키워드** 비늘 | 어린싹 | 열에너지 등 '겨울눈의 비늘은 추운 겨울에 어린싹이 열에너지를 빼앗겨 어는 것을 막아 준다.'와 같이 내용을 정확히 씀.	8점
	겨울눈의 역할을 썼지만, 표현이 부족함.	4점

온라인 학습 단원평가의 **정답**과 함께 **문항 분석**도 확인하세요.

단원평가   57~59쪽

문항 번호	정답	평가 내용	난이도
1	⑤	생물이 살아가거나 기계가 작동할 때 필요한 것 알기	쉬움
2	①	생물이 에너지를 얻는 방법 구분하기	보통
3	⑤	태양에서 온 에너지 형태의 전환 알기	보통
4	①	사람에게 에너지가 없을 때 일어날 수 있는 일 알기	쉬움
5	⑤	화학 에너지의 특징 알기	보통
6	③	움직이는 물체가 가지고 있는 에너지 알기	쉬움
7	④	높이 날고 있는 새가 가지고 있는 에너지 형태 알기	보통
8	④	빛에너지와 관련 있는 물체 알기	쉬움
9	④	전기 기구를 작동하게 하는 에너지 형태 알기	쉬움
10	④	집에서 사용하고 있는 에너지 형태 알기	어려움
11	③	물체의 에너지 형태 구분하기	보통
12	③	롤러코스터의 각 구간의 에너지 전환 과정 알기	어려움
13	④	롤러코스터의 각 구간의 에너지 전환 과정 알기	어려움
14	⑤	전기 에너지를 열에너지로 전환하는 물체 알기	보통
15	④	폭포에서 나타나는 에너지 전환 과정 알기	보통
16	④	폭포와 같은 에너지 전환이 일어나는 예 알기	보통
17	②	태양광 로봇이 움직이기까지의 에너지 전환 과정 알기	어려움
18	①	생물이 에너지를 효율적으로 이용하는 방법 알기	보통
19	②	백열등과 발광 다이오드[LED]등 비교하기	보통
20	④	에너지를 효율적으로 활용할 수 있는 방법 알기	쉬움

1 생물이 살아가거나 기계가 움직이려면 에너지가 필요합니다.

2 토마토, 굴나무, 벼는 빛을 이용하여 스스로 양분을 만들어 에너지를 얻습니다.

3 동물의 먹이가 가진 화학 에너지는 태양의 빛에너지로부터 얻은 것입니다.

4 사람에게 에너지가 없으면 힘이 빠지고, 키가 크거나 성장할 수 없으며 살아갈 수 없습니다.

5 화학 에너지는 물질 안에 저장되어 있는 에너지입니다.

6 높은 곳에 있는 물체가 가지고 있는 에너지는 위치 에너지입니다.

7 날고 있는 새는 위치 에너지와 운동 에너지를 가지고 있습니다.

8 빛에너지는 주위를 밝게 비출 수 있는 에너지입니다.

9 전기 기구를 작동하게 하는 에너지는 전기 에너지입니다.

10 전기 에너지를 사용하여 휴대 전화를 충전합니다.

11 달리는 자전거는 운동 에너지를 가지고 있고, 높이 올라간 그네는 위치 에너지를 가지고 있습니다.

12 ㉠ 구간에서 처음 열차를 위로 끌어 올릴 때에는 전기 에너지가 운동 에너지와 위치 에너지로 전환됩니다.

13 열차가 위에서 아래로 내려올 때(㉡ 구간)에는 위치 에너지가 운동 에너지로 전환되고, 열차가 아래에서 위로 올라갈 때(㉢ 구간)에는 운동 에너지가 위치 에너지로 전환됩니다.

14 전기다리미는 전기 에너지를 열에너지로 전환해 옷의 주름을 폅니다.

15 폭포의 물은 높은 곳에서 낮은 곳으로 떨어지므로 위치 에너지가 운동 에너지로 전환됩니다.

16 언덕에서 내려오는 눈썰매의 위치 에너지가 운동 에너지로 전환됩니다.

17 태양 전지는 태양의 빛에너지를 전기 에너지로 전환하고, 전동기는 전기 에너지를 운동 에너지로 전환하여 태양광 로봇이 움직입니다.

18 겨울을 준비하기 위해 나무는 잎을 떨어뜨립니다.

19 발광 다이오드[LED]등이 백열등보다 에너지 효율이 더 높습니다.

20 창문을 열고 에어컨을 사용하면 에너지가 낭비됩니다.

온라인 학습 단원평가의 **정답**과 함께 **문항 분석**도 확인하세요.

단원평가 (전체 범위) 60~63쪽

문항 번호	정답	평가 내용	난이도
1	③	여러 가지 전기 부품의 쓰임새 알기	보통
2	②	전구의 연결 방법 알기	보통
3	④	전구의 연결 방법에 따른 전구의 밝기와 전지의 수명 알기	어려움
4	③	전자석을 만드는 방법 알기	쉬움
5	③	태양 고도의 뜻 알기	쉬움
6	⑤	태양의 남중 고도의 특징 알기	보통
7	③	태양 고도와 그림자 길이의 관계 알기	보통
8	③	월별 낮의 길이 알기	보통
9	③	지구 자전축의 기울기에 따른 태양의 남중 고도 알기	어려움
10	②	물질이 탈 때 나타나는 현상 알기	쉬움
11	②	발화점의 뜻과 특징 알기	어려움
12	⑤	물질이 연소한 후 생기는 것 알기	어려움
13	①	불을 끄는 방법 알기	보통
14	②	운동 기관의 종류와 기능 알기	쉬움
15	②	호흡할 때 몸속에서의 공기 이동 과정 알기	보통
16	⑤	순환 기관의 특징 알기	보통
17	③	배설 기관의 생김새와 역할 알기	보통
18	①	여러 가지 형태의 에너지 알기	쉬움
19	③	에너지 형태가 바뀌는 예 알기	보통
20	④	식물이나 동물이 에너지를 효율적으로 이용하는 예 알기	쉬움

1 스위치는 전기 회로에서 전기가 흐르는 길을 끊거나 연결하는 역할을 합니다.

2 전구의 병렬연결에서는 한 전구의 불이 꺼져도 나머지 전구의 불은 꺼지지 않습니다.

3 전기 회로에서 사용하는 전구의 수가 같을 때 전구를 직렬연결하면 전구를 병렬연결할 때보다 전지를 더 오래 사용할 수 있습니다.

4 나침반은 전자석을 만든 후에 전자석의 극을 알아볼 때 필요한 것입니다.

5 태양이 지표면과 이루는 각을 태양 고도라고 합니다.

6 태양이 정남쪽에 위치했을 때를 태양이 남중했다고 하고, 이 때 태양의 고도를 태양의 남중 고도라고 합니다.

7 12시 30분경에 태양 고도는 가장 높고, 그림자 길이는 가장 짧습니다.

8 낮의 길이는 6~7월에 가장 길고, 12~1월에 가장 짧습니다.

9 지구본의 자전축을 기울이지 않은 채 공전시키면 태양의 남중 고도는 변하지 않습니다.

10 물질이 탈 때는 공통적으로 빛과 열이 발생합니다.

11 물질마다 타기 시작하는 온도(발화점)는 다르며, 발화점에 도달하면 직접 불을 붙이지 않아도 물질이 탈 수 있습니다.

12 석회수가 뿌옇게 흐려지는 것을 통해 물질이 연소하면 이산화 탄소가 생성된다는 것을 알 수 있습니다.

13 ③은 산소 공급을 막아서 불을 끄는 경우이고, ②, ④, ⑤는 탈 물질을 없애서 불을 끄는 경우입니다.

14 갈비뼈는 휘어있고, 여러 개이며, 좌우로 둥글게 연결되어 안쪽에 공간을 만듭니다.

15 숨을 들이마실 때 공기는 코, 기관, 기관지, 폐의 순서로 이동합니다.

16 심장에서 나온 혈액은 혈관을 통해 온몸을 순환합니다.

17 콩팥은 강낭콩 모양이며, 혈액 속의 노폐물을 걸러 오줌을 만듭니다.

18 주위를 밝게 비출 수 있는 에너지는 빛에너지입니다.

19 열차가 내려올 때는 위치 에너지가 운동 에너지로 바뀌고, 열차가 위로 올라갈 때는 운동 에너지가 위치 에너지로 바뀝니다.

20 곰이나 박쥐, 다람쥐 등은 겨울에 먹이를 구하기 어려우므로 겨울잠을 자면서 에너지를 효율적으로 이용합니다.